广东新时代
文明实践
百部精品图书

家庭实用

JIATINGSHIYONGERSHISIJIEQIYIBENTONG

二十四节气

一本通

陈大寿 〇 编著

南方出版传媒
花城出版社
中国·广州

图书在版编目（ＣＩＰ）数据

家庭实用二十四节气一本通 / 陈大寿编著． —— 广州：
花城出版社，2017.5（2021.4重印）
ISBN 978-7-5360-8357-8

Ⅰ．①家… Ⅱ．①陈… Ⅲ．①二十四节气－基本知识
Ⅳ．①P462

中国版本图书馆CIP数据核字(2017)第111338号

出 版 人：肖延兵
责任编辑：陈宾杰　王铮锴
技术编辑：薛伟民　凌春梅
封面设计：介　桑

书　　名 家庭实用二十四节气一本通
　　　　　JIATING SHIYONG ERSHISI JIEQI YIBENTONG
出版发行 花城出版社
　　　　　（广州市环市东路水荫路11号）
经　　销 全国新华书店
印　　刷 北京一鑫印务有限责任公司
　　　　　（北京市顺义区北务镇政府西200米）
开　　本 880 毫米×1230 毫米　32 开
印　　张 10　1 插页
字　　数 214,000 字
版　　次 2017 年 5 月第 1 版　2021 年 4 月第 4 次印刷
定　　价 39.80 元

如发现印装质量问题，请直接与印刷厂联系调换。
购书热线：020－37604658　37602954
花城出版社网站：http://www.fcph.com.cn

目录

contents

第三章

夏满芒夏暑相连：夏季的六个节气 / 103

第四章

秋处露秋寒霜降：秋季的六个节气 / 179

第五章

冬雪雪冬小大寒：冬季的六个节气 / *251*

前言：二十四节气是我国人民的宝贵财富

二十四节气是指中国农历中表示季节变迁的24个特定节令，是我国古代制定的一种用来指导农事的补充历法。在我国历史上，黄河流域中原地区一直是主要的政治、经济、文化、农业活动中心，所以，二十四节气也是以黄河流域的气候、物候为依据建立起来的。

早在春秋战国时代，我国劳动人民中就有了日南至、日北至的概念。之后，人们又根据月初、月中的日月运行位置和天气及动植物生长等自然现象，利用它们之间的关系，将一年均分成24份，并且给每一份都取了一个专有名称，这就是二十四节气。

战国后期成书的《吕氏春秋·十二月纪》中，就已经有立春、春分、立夏、夏至、立秋、秋分、立冬、冬至八个节气名称。这8个节气是24个节气中最重要的节气，标示出了季节的转换，清楚地划分出一年的四季。二十四节气完全确立是在秦汉之间。

二十四节气是中华民族传统文化的重要组成部分，自古流传至今，对我国人民的影响极其深远，现在依然有很多孩童在街头巷尾传唱人们耳熟能详的《二十四节气歌》："春雨惊春清谷天，夏满芒夏暑相连，秋处露秋寒霜降，冬雪雪冬小大寒。"

说到二十四节气，很多人都会想到"天气变冷了""该脱掉棉袄了""大雁往南飞了""水稻该收割了"等等。节气是人们生产与生活的指南，是我国劳动人民经验的总结和智慧的结晶。

除了气候变化与农事安排，我国古人还非常讲究，在不同的节气有着不同的风俗，每个节气也有着各自的故事与传说。而且在饮食起居方面也都顺应二十四节气的气候变化，依时而食，依时而动，所以说，二十四节气不仅是指导农业生产的"圣经"，还是我们触手可得的生活宝典。

《家庭实用二十四节气一本通》简要地介绍了二十四节气的由来与发展、节气的基本含义，叙述了各个节气的气象气候条件、农事活动，而且还将与二十四节气有关的习俗、农历节日、饮食起居等方面进行系统的分析介绍和详尽的解说评述。

本书是一个集知识性、科学性、实用性和趣味性为一体的科学普及读本。它对于广大人民群众运用二十四节气，掌握天气气候规律，科学地安排日常生产生活，顺应农时，不违农时，科学种田，争取农业丰收，都有着重要的参考作用。

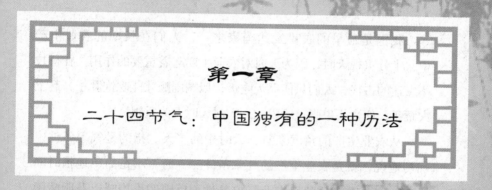

第一章

二十四节气：中国独有的一种历法

第一节
二十四节气的来历

　　我国是最早的农耕发达国家之一，人们在长期的农业生产中，十分重视天时，因为天时对农业生产起着重要的作用。在科技不发达的古代，人们只能靠天吃饭，风调雨顺才能吃饱肚子，赶上灾荒年，便食不果腹，所以，人们对天时尤为重视。

　　从农业生产的角度来看，天时中的"天"指的是气象条件，确切地说，就是农业生产的气象条件。"时"不是简单地指时间历程，它要求能反映出农业气象条件，反映四季冷暖以及阴晴雨雪的情况。而二十四节气之中的节气，则是表示一年四季天气变化与农业的生产关系的。

　　在古代，节气简称气，即天气、气候的意思，二十四节气起源于黄河流域，是古代中国劳动人民长期经验的积累和智慧的结晶。

　　据考证，早在2700多年前的春秋时代，人们就发现人的影子长短与太阳的位置和气候变化有着某种联系，后来便用土圭来测量太阳对晷针所投影子的长短，即土圭测影，正确确定了春分、秋分、夏至、冬至4个节气。

　　土圭测影就是用一根直立的杆子，在正午时刻测量其影子的长短，把一年中影子最短的一天定为"夏至"，最长的一天定为

"冬至"；两至中间影子为长短之和一半的两天，分别定为"春分""秋分"。

到了战国末期，又增加了立春、立夏、立秋、立冬四个节气，至汉时，就已经有了完整的二十四节气的记载，其顺序和我们现在的完全一样，而且还确定了15天为一个节气，以北斗星来定节气。

古时候的人们将二十四节气分为十二节气与十二中气。十二节气是指立春、惊蛰、清明、立夏、芒种、小暑、立秋、白露、寒露、立冬、大雪、小寒。十二中气是指雨水、春分、谷雨、小满、夏至、大暑、处暑、秋分、霜降、小雪、冬至、大寒。

在古代，节气用"恒气"来规定。"恒气"又称作"平气"，就是把一年平均分为二十四等份，每等份大约为15天。这与现代节气的计算方法有所不同，现代的节气称为"定气"，是以太阳所在的位置为标准，因为太阳在黄道上每天移动的速度不同，导致两个节气之间相隔的天数也不一样。冬至前后太阳移动的速度较快，两个节气之间相隔的天数大概为14天多一些；夏至前后太阳移动的速度慢一些，两个节气相隔的天数就要16天多。

其实，早在隋朝的时候，刘焯就发现用"恒气"法来计算节气不合理，并提出了用"定气"法推算日月交食，只不过直到清朝才完全改用"定气"法。用这种方法确定节气，可以将节气固定在太阳的一定日期上，不会随着农历日期发生变动，所以，它属于阳历范畴，这样一来，节气日在阳历上几乎每年的日期都差不多，最多相差一天。通常上半年的节气在每月的6日和21日左右，下半年在每月的8日和23日前后。

第二节
二十四节气的命名与含义

二十四节气反映了太阳的周年运动，因此，节气在现行的阳历中日期基本固定，相差1—2天。

"立"表示的是一年四季中每个季节的开始，春夏秋冬的"立"分别代表了四个节气的开始，立春、立夏、立秋、立冬合称为"四立"。

"至"是"极、最"的意思，夏至、冬至合称为"二至"，表示夏天和冬天的到来。

"分"表示平分之意，春分、秋分合称为"二分"，表示昼夜长短相等。

了解完"立""至""分"的含义，我们再来了解一下二十四气节的含义，如下表所示：

二十四节气的含义

节气名称	代表的含义
立春	春季的开始
雨水	降雨开始，雨量渐增
惊蛰	春雷乍动，惊醒了蛰伏在土中的动物
春分	表示昼夜平分
清明	天气晴朗，草木繁茂
谷雨	雨生百谷，雨量充足而及时，谷类作物能茁壮成长
立夏	夏季的开始
小满	麦类等夏熟作物籽粒开始饱满
芒种	麦类等有芒作物成熟
夏至	炎热夏季的到来
小暑	暑是炎热的意思，小暑就是气候开始炎热
大暑	一年中最热的时候
立秋	秋季的开始
处暑	表示炎热的暑天结束
白露	天气转凉，露凝而白
秋分	表示昼夜平分
寒露	露水已寒，将要结冰
霜降	天气渐冷，开始有霜
立冬	冬季的开始
小雪	开始下雪
大雪	降雪量增多，地面可能积雪
冬至	寒冷的冬天来临
小寒	气候开始寒冷
大寒	一年中最冷的时候

第三节
二十四节气与历法

二十四节气是根据太阳在黄道上的位置来划分的。黄道是指地球绕太阳公转的轨道，视太阳从春分点（黄经0°，此刻太阳垂直照射赤道）出发，每前进15°为一个节气，每月一个"中气"和一个"节气"，全年分12个"中气"和12个"节气"，现在合称为节气。运行一周又回到春分点为一个回归年，即为360°，如下图所示：

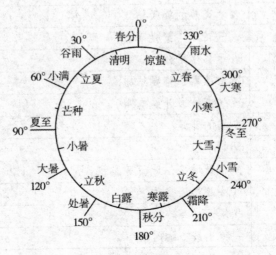

二十四节气在黄道上的位置

从二十四节气中可以看出，有的表明季节，有的表明温度、降雨、露、霜等气候，有的则是反映作物生长发育和自然物候情况的。除反映季节的节气外，大部分是反映气候的，其中：

（一）反映四季转换的节气

反映四季转换的节气有立春、立夏、立秋、立冬4个，从字面上我们就能直接看出季节的转换，通俗易懂。

（二）直接反映温度的节气

直接反映温度的节气有小暑、大暑、处暑、小寒、大寒5个节气。白露、寒露、霜降则是直接反映水汽凝结现象，同时也反映气温逐渐下降的过程。

（三）反映日照长短的节气

反映日照长短的节气有春分、秋分、夏至、冬至4个，以前两者反映较直接，而后两者则又是反映了日照长短的"极端"。

（四）反映降水的节气

反映降水的节气有雨水、谷雨、小雪、大雪4个，表示了降雨、降雪的时期和程度。

（五）反映物候现象的节气

反映物候现象的节气有惊蛰、清明、小满、芒种4个，前两个节气反映的是有关自然季节现象的，后两个是反映有关作物生长发育现象的。

第四节
二十四节气与季节

一年有24个节气，每一季节有6个节气，即春夏秋冬各6个节气，以下为二十四节气与季节的关系。

（一）春季与节气

春季包含6个节气，分别是立春、雨水、惊蛰、春分、清明、谷雨。

立春：每年的2月4日或5日。

雨水：每年的2月19日或20日。

惊蛰：每年的3月5日或6日。

春分：每年的3月20日或21日。

清明：每年的4月4日或5日。

谷雨：每年的4月20日或21日。

（二）夏季与节气

夏季包含6个节气，分别为立夏、小满、芒种、夏至、小暑、大暑。

立夏：每年的5月5日或6日。

小满：每年的5月21日或22日。

芒种：每年的6月5日或6日。

夏至：每年的6月21日或22日。

小暑：每年的7月7日或8日。

大暑：每年的7月22日或23日。

（三）秋季与节气

秋季包含6个节气，分别为立秋、处暑、白露、秋分、寒露、霜降。

立秋：每年的8月7日或8日。

处暑：每年的8月23日或24日。

白露：每年的9月7日或8日。

秋分：每年的9月23日或24日。

寒露：每年的10月8日或9日。

霜降：每年的10月23日或24日。

（四）冬季与节气

冬季包含6个节气，分别为立冬、小雪、大雪、冬至、小寒、大寒。

立冬：每年的11月7日或8日。

小雪：每年的11月22日或23日。

大雪：每年的12月7日或8日。

冬至：每年的12月22日或23日。

小寒：每年的1月5日或6日。

大寒：每年的1月20日或21日。

第五节
二十四节气与物候

物候是指动植物与当地的生态环境协同进化而形成的生长发育节律现象，依据不同动植物的生长、发育和活动的变化节律进行生产活动的时间制度称为"物候历"。在二十四节气发明之前，古代人民最初使用的就是"物候历"，二十四节气确立后即成为我国最早的结合天文、气象、物候知识指导农事活动的历法。

据公元前2世纪的《逸周书·时训解》记载，一年二十四节气，共七十二候。它以五日为一候，三候为一气，每一候均与一种物候现象相应，称为"候应"。现在七十二候对于我国的农事活动依然有指导意义，很多地区的农民仍然沿用古时的七十二候指导农业生产，如下表所示：

七十二候表

节气名称	一候	二候	三候
立春	东风解冻	蛰虫始振	鱼陟负冰
雨水	獭祭鱼	候雁北	草木萌动
惊蛰	桃始华	仓庚鸣	鹰化为鸠
春分	玄鸟至	雷乃发声	始电
清明	桐始华	田鼠化为鴽	虹始见
谷雨	萍始生	鸣鸠拂其羽	戴胜降于桑
立夏	蝼蝈鸣	蚯蚓出	王瓜生
小满	苦菜秀	靡草死	麦秋至
芒种	螳螂生	鵙始鸣	反舌无声
夏至	鹿角解	蜩始鸣	半夏生
小暑	温风至	蟋蟀居宇	鹰始鸷
大暑	腐草为萤	土润溽暑	大雨时行
立秋	凉风至	白露降	寒蝉鸣
处暑	鹰乃祭鸟	天地始肃	禾乃登
白露	鸿雁来	玄鸟归	群鸟养羞
秋分	雷始收声	蛰虫坯户	水始涸
寒露	鸿雁来宾	雀入大水为蛤	菊有黄华
霜降	豺乃祭兽	草木黄落	蛰虫咸俯
立冬	水始冰	地始冻	雉入大水为蜃
小雪	虹藏不见	天气上升，地气下降	闭塞而成冬
大雪	鹖鴠不鸣	虎始交	荔挺出
冬至	蚯蚓结	麋角解	水泉动
小寒	雁北乡	鹊始巢	雉始雊
大寒	鸡始乳	征鸟厉疾	水泽腹坚

第六节
二十四节气与节令

节令，节气时令，是指某个节气的气候和物候。下面我们就来看一看二十四节气与节令之间的关系。

（一）春雨惊春清谷天

1. 立春

立春标志着冰河解冻，万物复苏，春回大地，万象更新，寒冷的冬天马上就要结束了，春天就此开始。从此，天气开始慢慢转暖，雨水也逐渐增多，风不再那么刺骨寒冷。但是此时虽然春意已经来临，可寒气依然没有消退，仍然会给人寒冷之感。

2. 雨水

雨水节气的到来，意味着大范围的降雪停止了，开始进入了下雨的季节，让人不由得想起"十里莺啼绿映红，春雨润物细无声"的美好画面。

3. 惊蛰

惊蛰标志着天空开始打雷，气温逐渐升高，很多冬眠的小动物都开始苏醒，外出活动。此时，田间的麦苗开始展现出青色。

4. 春分

春分时，太阳直射赤道，从这个节气开始，气温回升变得明显。春分以后，白天的时间要长于夜间的时间，人们能明显感觉到天亮得早了。此时在物候上，杨花竞相开放，柳枝呈现出绿色，田间小麦起身，农民要尽快投入到农业生产中去了，以免误了农时。

5. 清明

此时气候转暖，春风和煦，万物欣欣向荣，田间的野菜正鲜嫩，人们常常三三两两去田间挖野菜，吃个新鲜。清明过后，农民就必须进行春播作物种植的准备工作了。

6. 谷雨

谷雨标志着自然界雨量开始增多，适合谷物的生长，许多作物在这个节气前后就应该开始种植了，民间谚语有"谷雨前好种棉，谷雨后好种豆"的说法。

（二）夏满芒夏暑相连

1. 立夏

这一节气标志着春天已过去，夏季即将来临，气温继续升高，天气渐渐热起来，雷雨开始增多，此时农民进入了紧张的夏忙季节。

2. 小满

小满标志着冬麦区的小麦、大麦等夏收作物籽粒逐渐饱满，但尚未成熟，农民将为夏收做好准备。

3. 芒种

芒种节气的到来，意味着小麦、大麦已经成熟，即将收割，晚谷、黍、稷等作物要播种，这时是农民最忙碌的季节。

4. 夏至

夏至标志着太阳在黄道上已运动到最北的位置上，太阳光正直射北回归线，烈日当空，天气炎热，此时白天时间最长，树木花草的生长非常茂盛，农民要抓紧时间到田间锄草。

5. 小暑

这一节气表示已开始进入炎夏季节，小暑过后不久，天气将会更加炎热，并即将进入湿热的气候阶段，同时也表示伏天即将到来。

6. 大暑

大暑标志着一年中最炎热的时期就此开始，通常秋收作物能否获得好的收成，主要取决于这一时段的雨量与光照。正常年景下，小暑至大暑期间，光热充足，雨量充沛，非常适合秋作物的生长，但雷雨较多，是这一季节降雨最为集中的时期，农田锄草往往不尽如人意。

（三）秋处露秋寒霜降

1. 立秋

立秋意味着秋天就要开始了，一早一晚会感到风凉了，但中午气温依然较高。立秋一到，各种花草树木、农作物的生长高度即将停止，没有抽穗的作物也在这一时期完成抽穗的生长发育。

2. 处暑

处暑到来，意味着炎热的夏季即将过去，天气逐渐转凉，纳凉的扇子开始闲置起来了。

3. 白露

白露后气温降得较快，更容易达到成露的条件。白天气温较高，晚上气温偏低，空气中的水汽因气温降低而冷凝形成露水，此时已经进入秋收大忙阶段。

4. 秋分

这一时节给人天高云淡、秋高气爽之感，一早一晚，气温由凉变冷，农田劳作已经进入高度繁忙阶段，田间一片秋收的繁忙景象。

5. 寒露

寒露标志着天气虽已凉爽，但还没有达到寒冷的程度。此时草木逐渐枯萎，农民田间劳作相对减少，时不时地会看到大雁由北向南方飞去，到温暖的南方去过冬。

6. 霜降

霜降表示天气将渐渐寒冷起来，露即将积为霜，生产中要求人们在田间要尽快结束"三秋"扫尾工作。

（四）冬雪雪冬小大寒

1. 立冬

从天文角度讲，即日起，冬天便开始了，生产中，萝卜、葱之类的作物要在此时收刨贮存。

2. 小雪

此时，气温仍继续下降，开始降雪，但并不很大；北方，河塘、水坝开始进入封冻季节，此时农田劳作基本停止，仅做大白菜的收贮工作。

3. 大雪

大雪节气表示气温继续下降，鹅毛大雪即将到来，此时，大地冰封，河塘冻结，有"'大雪'不封地，不过三五日"之说。

4. 冬至

冬至节气，标志着较为寒冷的天气即将开始，生活中，人们明显感觉到天黑得早亮得晚了。

5. 小寒

该节气表明已经进入一年中的寒冷季节，但还没有达到最冷的程度。

6. 大寒

大寒指气温降至最低点，天气冷到极点。这是一年中最严寒的季节，此时到处一片冰雪世界，习惯农时劳作的农民往往会在此时将土杂肥运往田间，称"腊肥"，借以给小麦保温。生活中，人们为即将到来的春节做着各种准备。

第七节
二十四节气与健康

早在2000多年前，我国传统医学经典著作《黄帝内经》就提出"智者之养生也，顺四时而适寒暑"的顺时养生观点，也就是说，人们不仅要根据每个季节和节气的特点来指导农事，还应该让身体更好地适应节气的变化，做好保健。

（一）春季与健康

立春：白昼开始逐渐变长，气温回暖，人体的血液代谢旺盛起来。此时，人们应该少吃酸性食物，注意养肝护肝。

雨水：降水增多，气温回升的速度加快，春困来袭。此时人们应该注意调养脾胃，适当运动，以缓解春困。

惊蛰：天气回暖，雨水增多，气候变化较大，这个时候应该多喝水，补充水分，并做好防寒保暖措施，防止因天气变化，导致感冒。

春分：昼夜平分，气候温暖潮湿，此时适合多吃清热解毒、温补阳气的食物。另外，关节炎患者应多加注意，防止旧病复发。

清明：气温回暖，阳气上升，容易引起血压变化，高血压病人应该多加注意。此时，不宜进补，建议清淡饮食。

谷雨：天气温暖，但早晚时冷时热，此时应适度保暖，多吃蔬菜，以调理肠胃。

（二）夏季与健康

立夏：气温升高，天气温暖舒适，此时应多喝水，防止上火。

小满：气温明显升高，气候潮湿，容易引发皮肤病；饮食宜清淡，以清利湿热的食物为主。

芒种：天气湿热，此时要注意清热降火，适当运动，并保证充足的睡眠。

夏至：天气炎热，人体阳气最旺，此时是冬病夏治的最好季节，平时应多喝水，补充维生素，并适当增加盐的摄入。

小暑：热浪袭人，偶有暴雨，人体肠胃吸收能力下降，若不注意饮食卫生，容易引发消化道疾病。

大暑：天气酷热，雨水多，湿热的天气令人食欲不振，且容易中暑，这个时候要保证充分休息，避免暴晒，清淡饮食。

（三）秋季与健康

立秋：气候开始逐渐发生变化，但依然能感觉到燥热，此时多吃酸味蔬菜水果，以养胃润肺。

处暑：依然能感觉到暑热，但气温逐渐转凉，应多吃清热安神的食物，并调整睡眠时间。

白露：暑气逐渐消退，白天气温舒适，但夜间气温较低，此时应吃滋阴益气的食物。

秋分：开始昼短夜长，秋雨的到来，让人们明显感觉到凉意。此时，要加强运动，提高身体抵抗力，并且有针对性地治疗冬病。

寒露：冷热交替明显，人体阳气逐渐消退，阴气逐渐增长，要注意保暖，防止感冒的发生。

霜降：天气变化无常，人体逐渐感觉到季节的萧瑟，饮食上以平补为原则，注意肺的保养。

（四）冬季与健康

立冬：气温下降速度加快，人体需要消耗大量的热能来维持体温，所以，需要多吃温热的食物。

小雪：天气阴冷晦暗，容易使人们的心情抑郁，患有抑郁症的病人应多加注意，增加户外活动，调节心情。

大雪：气温持续下降，此时是哮喘病的高发期，对于健康的人来说，此时是进补的好时节，在进补的同时应加强体育锻炼。

冬至：冷空气活动频繁，人体阴气较重，注意防寒保暖，多补充含有高热量的食物，以抵御寒冷。

小寒：常有寒潮发生，降温剧烈，容易发生冻疮，俗话说，"三九补一补，来年打老虎"，此时要注意身体的调理，多进补。

大寒：冷空气刺骨，天气十分寒冷，此时是心血管疾病高发时期，应注意节欲养脏。

第八节
二十四节气民谣

二十四节气与人们的生活息息相关，它的形成和发展与中国农业生产的发展紧密相连，因此，几千年来有关"二十四节气"的农谚民谣，在民众中间耳熟能详，广为流传。

（一）节令歌

立春阳气转，雨水沿河边；

惊蛰乌鸦叫，春分地皮干；

清明忙种粟，谷雨种大田；

立夏鹅毛住，小满雀来全；

芒种开了铲，夏至不着棉；

小暑不算热，大暑三伏天；

立秋忙打甸，处暑动刀镰；

白露快割地，秋分无生田；

寒露不算冷，霜降变了天；

立冬交十月，小雪地封严；

大雪河封上，冬至不行船；

小寒进腊月， 大寒又一年。

（二）节气七言诗

> 地球绕着太阳转，绕完一圈是一年。
>
> 一年分成十二月，二十四节紧相连。
>
> 按照公历来推算，每月两气不改变。
>
> 上半年是六廿一，下半年逢八廿三。
>
> 这些就是交节日，有差不过一两天。
>
> 二十四节有先后，下列口诀记心间：
>
> 一月小寒接大寒，二月立春雨水连；
>
> 惊蛰春分在三月，清明谷雨四月天；
>
> 五月立夏和小满，六月芒种夏至连；
>
> 七月大暑和小暑，立秋处暑八月间；
>
> 九月白露接秋分，寒露霜降十月全；
>
> 立冬小雪十一月，大雪冬至迎新年。

（三）闽南节气歌

春谚说：

初一落雨，初二散，初三落雨到月半。正月雷，二月雪，三月无水过田岸。早春好侠陶，早夏粒米无。二月踏草青，二八三九乱穿衣。三日风，三日霜，三日以内天清光。正月寒死猪，二月寒死牛，三月寒着播田夫。

夏谚语：

立夏小满雨水相赶。云势若鱼鳞，来朝风不轻。四一落雨空欢喜，四二落雨有花无结子。四月廿六海水开目。五月端午前，风大雨也连。红云日出生，劝君莫出行。六月十二，彭祖忌，无风也雨意。田螺若结堆，戴笠穿棕蓑。

秋谚云：

雷打秋，晚冬一半收。秋靠露，冬靠雨，白露勿搅土。红柿若出头，罗汉脚仔目屎流。九月起风降，臭头扒佮掐。乌云飞上山，棕蓑提来披。

冬谚曰：

早落早好天，慢落遘半暝。落霜有日照，乌寒著无药。大寒不寒，人畜不安。冬节在月头，卜寒在年兜。冬节月中央，无雪也无霜。冬节在月尾，卜寒正二月。

（四）节气百子歌

说个子来道个子，　正月过年耍狮子。

二月惊蛰抱蚕子，　三月清明坟飘子。

四月立夏插秧子，　五月端阳吃粽子。

六月天热买扇子，　七月立秋烧袱子。

八月过节麻饼子，　九月重阳捞糟子。

十月天寒穿袄子，　冬月数九烘笼子。

腊月年关四处去躲账主子。

（五）二十四节气气候农事歌

立春：

立春春打六九头，春播备耕早动手，

一年之计在于春，农业生产创高优。

雨水：

> 雨水春雨贵如油，顶凌耙耱防墒流，
> 多积肥料多打粮，精选良种夺丰收。

惊蛰：

> 惊蛰天暖地气开，冬眠蛰虫苏醒来，
> 冬麦镇压来保墒，耕地耙耱种春麦。

春分：

> 春分风多雨水少，土地解冻起春潮，
> 稻田平整早翻晒，冬麦返青把水浇。

清明：

> 清明春始草青青，种瓜点豆好时辰，
> 植树造林种甜菜，水稻育秧选好种。

谷雨：

> 谷雨雪断霜未断，杂粮播种莫迟延，
> 家燕归来淌头水，苗圃枝接耕果园。

立夏：

> 立夏麦苗节节高，平田整地栽稻苗，
> 中耕除草把墒保，温棚防风要管好。

小满：

> 小满温和春意浓，防治蚜虫麦秆蝇，
> 稻田追肥促分蘖，抓绒剪毛防冷风。

芒种：

> 芒种雨少气温高，玉米间苗和定苗，
> 糜谷荞麦抢墒种，稻田中耕勤除草。

夏至：

　　夏至夏始冰雹猛，拔杂去劣选好种，
　　消雹增雨干热风，玉米追肥防黏虫。

小暑：

　　小暑进入三伏天，龙口夺食抢时间，
　　玉米中耕又培土，防雨防火莫等闲。

大暑：

　　大暑大热暴雨增，复种秋菜紧防洪，
　　预测预报稻瘟病，深水护秧防低温。

立秋：

　　立秋秋始雨淋淋，及早防治玉米螟，
　　深翻深耕土变金，苗圃芽接摘树心。

处暑：

　　处暑伏尽秋色美，玉米甜菜要灌水，
　　粮菜后期勤管理，冬麦整地备种肥。

白露：

　　白露夜寒白天热，播种冬麦好时节，
　　割稻晒田收葵花，早熟苹果忙采摘。

秋分：

　　秋分秋雨天渐凉，稻黄果香秋收忙，
　　拉碾脱粒交公粮，山区防霜听气象。

寒露：

　　寒露草枯雁南飞，洋芋甜菜忙收回，
　　管好萝卜和白菜，秸秆还田秋施肥。

霜降：

> 霜降结冰又结霜，抓紧秋翻蓄好墒，
> 防冻日消灌冬水，脱粒晒谷修粮仓。

立冬：

> 立冬地冻白天消，羊只牲畜圈修牢，
> 整田整地修渠道，农田建设掀高潮。

小雪：

> 小雪地封初雪飘，幼树葡萄快埋好，
> 利用冬闲积肥料，庄稼没肥瞎胡闹。

大雪：

> 大雪腊雪兆丰年，多种经营创高产，
> 及时耙耘保好墒，多积肥料找肥源。

冬至：

> 冬至严寒数九天，羊只牲畜要防寒，
> 积极参加夜技校，增产丰收靠科研。

小寒：

> 小寒进入三九天，丰收致富庆元旦，
> 冬季参加培训班，不断总结新经验。

大寒：

> 大寒虽冷农户欢，富民政策夸不完，
> 联产承包继续干，欢欢喜喜过个年。

（六）二十四节气农谚歌

正月：

岁朝蒙黑四边天，大雪纷纷是旱年，
但得立春晴一日，农夫不用力耕田。

二月：

惊蛰闻雷米似泥，春分有雨病人稀，
月中但得逢三卯，到处棉花豆麦佳。

三月：

风雨相逢初一头，沿村瘟疫万民忧，
清明风若从南起，预报丰年大有收。

四月：

立夏东风少病遭，时逢初八果生多，
雷鸣甲子庚辰日，定主蝗虫损稻禾。

五月：

端阳有雨是丰年，芒种闻雷美亦然，
夏至风从西北起，瓜蔬园内受熬煎。

六月：

三伏之中逢酷热，五谷田禾多不结，
此时若不见灾危，定主三冬多雨雪。

七月：

立秋无雨甚堪忧，万物从来一半收，
处暑若逢天下雨，纵然结实也难留。

八月：

> 秋风天气白云多，到处欢歌好晚禾，
> 最怕此时雷电闪，冬来米价道如何。

九月：

> 初一飞霜侵损民，重阳无雨一天晴，
> 月中火色人多病，若遇雷声菜价增。

十月：

> 立冬之日怕逢壬，来岁高田枉费心，
> 此日更逢壬子日，灾殃预报损人民。

十一月：

> 初一有风多疾病，更兼大雪有灾魔，
> 冬至天晴无雨色，明年定唱太平歌。

十二月：

> 初一东风六畜灾，倘逢大雪旱来年，
> 若然此日天晴好，下岁农夫大发财。

第二章

春雨惊春清谷天：春季的六个节气

第一节
立春：乍暖还寒时，万物开始复苏

立春的时间为阳历2月4日或5日。立，始建也。春气始而建立也。

【立春的由来】

立春，是二十四节气中的第一个节气，俗称打春，在天文意义上标志着春季的开始。每年2月4日或5日太阳到达黄经315°时为立春。

早在春秋时期，立春就作为节令了，那时一年中有立春、立夏、立秋、立冬、春分、秋分、夏至、冬至8个节令，到了汉代的时候才有24个节气的记载。在汉代前历法曾多次变革，曾将立春这一天定为春节，寓意春天从此开始，这种叫法延续了2000多年。直到1913年，当时的民国政府才明确规定每年的正月初一为春节，从此以后，立春日仅作为24个节气之一存在并传承至今。

我国古代将立春的15天分为三候："一候东风解冻，二候蛰虫始振，三候鱼陟负冰。"意思是说，一候东风送暖，大地开始解冻；立春5日后，即二候，蛰居的虫子等小动物开始苏醒过来；再过5日，河里的冰开始融化，鱼开始到水面上游动，这个时候河面上的冰还没有完全融化，有很多碎冰片，就像被鱼背负着一般浮在水面。

立春虽是一个略带转折色彩的节气，但是天气还没有完全变暖，尚处在回暖的阶段，有时人们还是能够感受到寒风没有走远，依然需要裹着冬衣，抵御早春的寒冷。从全国范围来看，2月上旬，只有华南进入了真正的春季，我国北方的大部分地区依然常有强冷空气侵袭。

【气候特点与农事】

立春到了，人们能够明显感觉到白天时间长了，太阳暖了，气温高了，此时，农人们也要开始忙碌起来了。农谚说道："立春雨水到，早起晚睡觉。"不过，因我国幅员辽阔，纬度跨度较大，所以，不同地区的农事也不同。

在东北地区，立春节气，要顶凌耙地、送粪积肥，并做好牲畜防疫工作；在华北平原，要为春耕做好准备，兴修水利，以便灌溉；在西北地区，是春小麦整地施肥的好时候，需要特别注意的是，西北和内蒙古牧区要做好牲畜的防寒保暖；西南地区须耕翻早稻秧田，做选种、晒种的工作；长江中下游及以南的地区要保证沟渠的畅通，防止农作物发生渍害。具体来说，主要有以下几方面的工作：

（一）保温防冻

由于立春后仍有较大的寒流，容易使温室内的茄果类蔬菜发生冻/冷害。为此，要继续做好防寒抗冻工作。

（二）注意通风透气

立春后，随着日照时间增长，气温回升，棚内湿度加大。为防治病虫害的发生，应做好棚内温湿度管理工作，并根据天气变化和植株生产情况，做好通风透气的管理工作。

（三）做好保花保果工作

低温会影响瓜菜结果，易发生落花落果，应采用人工辅助授粉或者植物生长调节剂防止落花落果的发生。

（四）做好病虫防治工作

随着气温升高和棚内湿度增大，大棚内瓜菜易发生灰霉病、疫病、枯萎病及蚜虫危害，应采用农业防治和药剂防治相结合的方法，防治病虫害。

（五）华南地区要抓紧时间春种

华南地区有民谚曰："立春雨水到，早起晚睡觉。"意思是说，春耕春种要全面展开了，华南南部早稻将陆续播种，此时要注意天气变化，抓住"冷尾暖头"及时下种。

此外，还要做好烤烟、蔬菜等作物遭受霜冻或冰冻危害的工作，加强经济林果及禽畜、水产养殖的防寒保暖工作。

【农历节日】

立春，为农历正月初一前后，正值春节之际。春节是汉族人最重要的一个节日，在这一天，家家户户喜气洋洋，团团圆圆。

（一）贴门神

最早的门神是刻桃木为人形，挂在门的旁边，后来演变成画成门神人像张贴在门上。相传，神荼、郁垒兄弟两人是专门管鬼的，有他们守住门户，恶鬼就不敢进门了。唐代以后，画猛将尉迟敬德、秦琼二人像为门神，还有画关羽、张飞像为门神的，门神像左右各一张。后代常把一对门神画成一文一武，寓意辟邪除灾、迎祥纳福。

（二）贴年画

春节贴年画是非常普遍的习俗，年画给春节增加了喜庆的气氛，具有祈福、装饰的民俗功能。贴年画也是源于贴门神，随着印刷术的兴起，年画的内容也越来越丰富，不再局限于门神，而且出现了《天官赐福》《福禄寿三星图》《五谷丰登》《六畜兴旺》《迎春接福》等经典的彩色年画。

在我国有三个年画的重要产地，分别是天津杨柳青、山东潍坊和苏州桃花坞，形成了中国年画的三大流派，各具特色。现今我国收藏最早的年画是南宋《随朝窈窕呈倾国之芳容》的木刻年画，画的是王昭君、赵飞燕、班姬和绿珠四位古代美人。

（三）贴春联

春联，又名"门对""桃符"等，是对联的一种，因在春节时张贴而得名。每逢春节，家家户户都要精选一副大红春联贴在门上，为节日增加喜庆气氛。据史料记载，贴春联的习俗始于宋代，盛行于明代，到了清代，春联的思想性和艺术性都有了很大提高。

春联的种类繁多，依其使用场所，可分为框对、门心、横批、斗方、春条等。框对贴在左右两个门框上；门心贴在门板上端中心部位；横批贴在门楣的横木上；斗方又叫门叶，为正方菱形，多贴在家具、影壁中；春条根据内容的不同，贴于相应的地方。

（四）守岁

中国民间有除夕守岁的习俗，又名"熬年"。守岁从吃年夜饭开始，这顿年夜饭要慢慢地吃，从掌灯时分入席，有的人家一直要吃到深夜。

【立春民俗及民间宜忌】

立春不仅是个重要节气，也是一个重大节日，中国民间将其称为立春节，有很多有趣的习俗。

（一）祭祀祖先

在我国的许多地区，立春这一天都要祭祀祖先。如广东《新安县志》载："民间以是日有事于祖祠。"在立春时供奉祖先的食品也较特殊，河南《汝阳县志》载："设春宴，啖春饼，荐卜、梨。"

（二）迎春

立春之日迎春距今已经有3000多年的历史，我国民间把立春当作节日来过，称为立春节，在这一天要举行迎春仪式，规模宏大。

立春时天子要亲率三公九卿、诸侯大夫去东郊迎春，祈求丰收。回来之后，要赏赐群臣，布德令以施惠兆民。这种活动影响到庶民，就有了世世代代的全民迎春活动。

最初的迎春活动非常隆重，立春的前3天，天子就开始斋戒，到了立春日，亲率三公九卿、诸侯大夫，到东方八里之郊迎春，祈求丰收。你知道为什么要在东郊迎春吗？因为当时祭祀的句芒是主管农时的，称为芒神，传说他居住在东方，所以当时的迎春地点就选在了东郊，后来，迎春活动的地点就不仅只在东郊了。到了清代，迎春仪式已经成为全民都参与的活动。

（三）鞭春牛

立春这一天，民间有"鞭春""打春"的习俗，即鞭打春牛，通过这种方式期盼五谷丰登，能有一个好收成。

打春的风俗，最早来自皇宫。传说立春这一天，皇宫内外都要把它当作节日，需要隆重庆祝一番。最早有立春这一天要把皇宫门前立着的泥塑春牛打碎一说，春牛被打碎之后，人们纷纷将其碎片抢回家，视之为吉祥之物。

在老北京的庙会里，立春这一天，都会在卖皇历的同时连带着卖《春牛图》，《春牛图》上前面牵牛的男子，就是芒神。一般人家会把春牛图请回家，祈祷这一年风调雨顺，庄稼能有一个好收成。

现在，城里已不再举行鞭春活动，不过，一些农村却仍有打春牛的风俗。立春前，用泥塑一牛，称为春牛。妇女们抱着小孩绕春牛转3圈，旧说可以保健康，不患病，如今已经成为一项娱乐活动。

闽南地区在立春日会举行"迎春"祭礼和"鞭春牛"仪式，当天文武官员都聚集在东郊迎春亭，俗称"春牛亭"，循古例先祭春牛和芒神，祈求今年有一个好收成，等到众人酒足饭饱后，就开始抬春牛游乐。

据泉州老一辈人讲，立春这一天，春牛和太岁各由雇来的乞丐抬起来，鼓乐彩旗在前面引导，成队兵勇随从，各级官员穿戴整齐，也走在队列前面，浩浩荡荡，非常壮观。据说，能抓得到春牛土或投石子掷中春牛者就能得到福气，所以，围观的人会抓土或掷石子，甚至会把抬土牛的人打得头破血流，因此只有雇乞丐才肯抬。但现在这种风俗已经废止了。

（四）抬春色

广东潮汕会在立春这一天举行"抬春色"活动。在游行的队伍中，有装饰过的台阁，上面坐着歌伎，由两个人抬着走。嘉应梅州地区还有高春、矮春的分别，矮春为一人坐在台上；高春则用两人：一人立在台上，然后扎着一根直木，隐藏在那个人的长衣中，与这人的肩平齐；然后再横扎一根木棍在直木上端，这横木隐藏在宽袖中，横木上再站一个人。

（五）交春

赣南、闽西地区的客家人习惯将立春节气称为"交春"，"交春"特指立春日"春"到来的时刻。交春之时，客家人家家户户会放爆竹相迎，闽西三明客家人会对天礼拜，名曰"接春"。

立春到来的时刻，哪怕是在半夜，赣南客家人也要点燃香烛，鸣放鞭炮，以示迎春，接着便摆春酒，吃春卷，旧时还要耍春灯，相互庆贺。

那么，如何判断交春时刻的到来呢？客家人常常会把鸡蛋竖起来，如果鸡蛋不倒，就意味着"春"来了；或者将鸡蛋放在水中，交春的时刻，原本横向浮在水面的鸡蛋就会慢慢竖起来，客家人就认为"春"来了。

（六）吃春饼

立春吃春饼的历史十分悠久，据载，六朝元旦吃五辛盘（五种辛荤蔬菜：小蒜、大蒜、韭、芸薹、胡荽），直到现在扬州人立春时依然会吃五辛：新葱、韭黄、蒜苗、萝卜、芫荽。唐朝初期，饼与生菜用盘子装起来，称为春盘，因与五辛盘有渊源，也叫辛盘，宋时改叫春饼，现在也叫薄饼、荷叶饼等。

立春意味着春天的开始，它寄托着人们的美好希望，所以，在立春这一天有一些特殊的禁忌。比如，不做口舌之争，不口出污秽言语，和和气气，欢度节日；立春之时不可以躺着，因为这天是阳气的开始，应站立或坐着来迎接这一美好时刻的到来；忌讳看病、理发、搬迁等。

（七）拜春神

客家的春神就是古老的句芒神，是众神中主管农业的天神。客家人对春神格外崇拜，三明客家的拜春神习俗名曰"接春"，交春之时，人们会在大门上张贴"春到家兴""春到福临"等红纸条幅来迎接春神。立春时节在闽西客家人"老历年"的前后，立春在过年之后称作"年里春"，在过年之前称作"年外春"。报春就是在立春前一日及立春当日，让人扮演成春吏或春神的样子，在街市、道路上高声喧叫"春来哩"，将春天来临的消息告诉给邻里乡亲。报春民俗的另一层用意在于把春天和句芒神接回来。

（八）戴春花

在立春之日，山东流行戴春花、春幡、春燕等饰物。这一天，妇女和姑娘们最主要的饰物就是彩花，即春花。春花用竹花、绢花、绒花等不同的材料制成，即使是青年男子，在立春这一天，也经常以戴花逗笑取乐。春幡是用纸或绢制成的彩色小旗，是年景丰收的征兆。春幡戴在帽子上或佩戴在衣服上，也有的春官出行，手拿写有"春"字的春幡，预示丰收之年。

（九）写春帖

春帖是立春时节房屋的饰物，在立春这一天，东北人会在红纸上书写"宜春"二字，贴在房门上。据史料记载，这个风俗早在晋代荆楚地区就已经存在。

民间则用大红纸书"立新春，大吉大利，万事亨通"或"春""福""寿"字样，贴在门框间；农家在器物上贴"酉"字或大门外贴"出门见喜"，或在十字路口贴"姜太公在此"等春帖。

立春之日除了有以上习俗外，还有很多的禁忌，可见人们对立春这个节日的重视程度之高，时至今日有些禁忌依然保留着。

禁忌一：

立春之时不宜躺着，因为这天是阳气生发的开始，应该站立或坐着迎接美好时刻的到来。

禁忌二：

不做口舌之争，不口出污秽言语，和和气气，高高兴兴，欢度节日。

禁忌三：

立春这天应去田间公园，吸收新鲜空气，感受春的到来，为自己的来年讨个吉利。

禁忌四：

传统上认为，立春当天天气晴朗，则来年丰收，如阴天则来年收成欠丰，诸事不吉。

禁忌五：

立春之日莫搬迁，否则新的一年就不会安稳过日子，诸事不顺。

禁忌六：

立春之日不看病，如果看病就意味着一年都没有好运气。

禁忌七：

立春这一天，出嫁了的闺女不能回娘家。否则，就把婆家的运气带回了娘家；再有就是，春归娘家去，来年又一春，就是要再嫁人了。

禁忌八：

立春之日不理发，理发则不吉利。

【饮食起居宜忌】

常言道，"一年之计在于春"，做好春季养生，将是健康一整年的美好开端。立春节气到来之后，大家应注意以下几个方面：

（一）多食萝卜韭菜等辛甘发散的食物

立春后饮食要注意保护阳气，多吃辛温发散的食物，如多用葱、姜、韭菜、萝卜、虾仁等有利阳气生发的食物来调味。

（二）心情舒畅，肝气顺调

生气发怒易导致肝脏气血淤滞不畅而成疾，因此，养肝的关键是保持心情舒畅，防止"肝火上升"。即使生气也不要超过3分钟，尽力做到心平气和、乐观开朗，从而使肝火熄灭。

（三）适量运动

立春以后，开展一些适合时令的户外活动，如散步、踏青、打太极拳等，这些活动能使气血通畅，促进吐故纳新，强身健体。

（四）早睡早起

从进入春季、自然界万物复苏的时候开始，人们就应该做到早睡早起。在明媚的晨光中舒展四肢，呼吸新鲜空气，舒展阳气，以顺应春阳萌生的自然规律。

【健康食谱】

春季阳气初生，食物都要以补气补血为主。那么，立春应该吃什么呢？下面就为大家介绍几个立春的养生食谱。

虾仁韭菜

配料：

虾仁30克，韭菜250克，鸡蛋1个，食盐、酱油、植物油、麻油、淀粉各适量。

做法：

第一步，虾仁洗净水发胀，约20分钟后捞出沥干水分待用；韭菜择洗干净，切适量长段备用；鸡蛋打破盛入碗内，搅拌均匀后加入淀粉、麻油调成蛋糊，再倒入虾仁拌匀待用。

第二步，炒锅烧热倒入植物油，待油热后下虾仁翻炒，蛋糊凝住虾仁后放入韭菜同炒，待韭菜炒熟，放食盐、淋麻油，搅拌均匀起锅即可。

功效：

补肾阳，固肾气，通乳汁。

珍珠三鲜汤

配料：

鸡肉脯50克，豌豆50克，西红柿1个，鸡蛋1个，牛奶、淀粉各25克，料酒、食盐、味精、高汤、麻油适量。

做法：

第一步，鸡肉剔筋洗净剁成细泥；淀粉用牛奶搅拌；鸡蛋打开去黄留清；把这三者放入同一碗内，搅成鸡泥待用。

第二步，西红柿洗净开水滚烫去皮，切成小丁；豌豆洗净备用。

第三步，炒锅放在大火上，倒入高汤，放盐、料酒烧开后，下豌豆、西红柿丁，等再次烧开后改小火，把鸡肉泥用筷子或小勺拨成珍珠大圆形小丸子，下入锅内，再把火开大待汤煮沸，入水淀粉，烧开后将味精、麻油入锅即成。

功效：

温中益气，补精填髓，清热除烦。

第二节

雨水：一滴雨水，一年命运

雨水的时间为阳历2月18日或19日或20日。雨水，表示两层意思，一是天气回暖，降水量逐渐增多；二是在降水形式上，雪渐少了，雨渐多了。

【雨水的由来】

每年的农历正月十五左右，太阳黄经达330°时，是雨水节气，雨水与谷雨、小雪、大雪一样，都是反映降水的节气。

雨水节气前后，万物开始萌动，春天即将到来，在《逸周书》中就有雨水节后"鸿雁来""草木萌动"等物候记载。

我国古代将雨水分为三候："一候獭祭鱼；二候候雁北；三候草木萌动。"意思是说，雨水节气时，水獭开始捕鱼，将捕到的鱼摆在岸边，就像要先祭后食的样子；雨水节气后的5天，大雁开始从南方往北飞；再过5天，草木会在春雨的滋润下，抽出嫩芽，大地逐渐呈现出一片欣欣向荣的景象。

我国有很多有关雨水节气的谚语，人们会根据雨雪来预测后期天气，如"雨水有雨百阴""雨水落了雨，阴阴沉沉到谷雨"；有根据雨水的冷暖来预测后期天气的，如"暖雨水，冷惊蛰""冷雨水，暖惊蛰"；还有根据风来预测后期天气的，如"雨水东风起，伏天必有雨"等。

【气候特点与农事】

雨水节气的到来，意味着降雨开始，雨量逐渐增多。在黄河流域，雨水之前的天气寒冷，雪花纷飞，难见雨滴；雨水之后气温升到0℃以上，下雪的时候渐渐减少了，下雨的时候多了。

不过，在南方地区，即使在寒冷的冬季，降雨也不是什么新鲜事儿。此时南方大部分地区的平均温度在10℃以上，花儿含苞待放，已经进入了气候上的春天。

此时除了西北、东北、西南高原的大部分地区仍处在寒冬之中外，其他地区正在进行或已经完成了由冬转春的过渡，严寒多雪的时候已经过了，雨量逐渐增多。那么，此时有哪些农事活动呢？

（一）华南地区要防干旱，做好双季早稻育种工作

华南继冬干之后，又常年多春旱，尤其是华南西部更为严重；所以，农民要注意保墒，及时浇灌，以满足小麦拔节孕穗、油菜抽薹开花所需要的水分。雨水时节，华南地区双季早稻的育秧工作已经开始，忽冷忽热的天气对秧苗会产生一定的危害，所以，应抢晴播种。此外，雨水前后还要管理好茄子苗、辣椒苗、番茄苗，注意通风换气，控制肥、水，防止秧苗徒长。

（二）西北高原山区防寒潮入侵

雨水时节，西北高原山地仍处于干季，空气湿度小，风速

大，极易发生森林火灾。此外，还要做好寒潮入侵的准备，以应对强降温和暴风雪天气，以免对老、弱、幼畜造成危害。

（三）黄河流域做好冬小麦的灌溉工作

雨水节气前后，黄河流域的冬小麦自南向北开始返青，长江以南地区的小麦、油菜生长速度加快，所以，对水分的需求较多。而华北、西北及黄淮地区的降水量往往偏少，不能满足农作物的需要，因此，若早春少雨，就应该及时进行春灌。

相比之下，淮河以南地区，雨水较多，应做好农田清沟沥水、预防湿害烂根等工作，故有农谚云："春雨贵如油，下得多了却发愁。"

（四）西南地区应做好农作物的育苗工作

雨水时节，也是西南地区的春洋芋和烤烟等农作物的育苗工作开始之时，应抓紧时间，做好相关工作，以免误了农时。

【农历节日】

元宵节，又称小正月、上元节、元夕或灯节，是春节之后的第一个重要节日。正月是农历的元月，古人称夜为"宵"，因此，把一年中的第一个月圆之夜正月十五称为元宵节。关于元宵节的由来，有三种说法。

第一种说法：汉明帝永平年间，因明帝提倡佛法，恰逢蔡愔从印度求得佛法归来，称印度摩揭陀国每逢正月十五，僧众都会聚集在一起，瞻仰佛舍利，是参佛的吉日良辰。汉明帝为弘扬佛法，便下令正月十五夜在宫中和寺院"燃灯表佛"。所以，正月十五夜燃灯的习俗是受佛教文化影响而来的。

第二种说法：元宵节源于"火把节"，汉代民众在田间持火把驱赶虫兽，以此来减轻虫害，祈祷获得好收成。隋、唐、宋以来，更是盛极一时。直至今日，中国西南的一些地区仍然有正月十五用芦柴或树枝做成火把，成群结队高举火把在田间跳舞的习俗。

第三种说法：元宵燃灯的习俗源于道教的"三元说"，正月十五为上元节，七月十五为中元节，十月十五为下元节。主管上、中、下三元的分别为天、地、人三官，天官喜乐，所以，上元节要燃灯。

不同的朝代，元宵节的节期长短是不同的，汉代为一天，唐代为3天，宋代长达5天，明代更是从初八就开始点灯，直到正月十七的夜里才落灯，整整10天。到了清代，又增加了舞龙、舞狮、踩高跷、扭秧歌等"百戏"内容，不过节期缩短为4—5天。

民间过元宵节有很多习俗，不同地区不同民族过元宵节的方式也有所差别，具体来说，主要有以下习俗：

（一）吃元宵

在我国很多地方，都流行正月十五吃元宵。元宵作为食品始于宋代，最早叫"浮元子"，生意人还美其名曰"元宝"，以芝麻、豆沙、白糖、玫瑰、黄桂、枣泥、核桃仁、果仁等为馅，以糯米粉为皮，可汤煮、蒸食、油炸，有团圆美满之意。北方称为元宵，南方称汤圆。

（二）观灯

观灯的习俗始于汉代，在唐代发展成为盛况空前的灯市，中唐以后，发展成为全民性的狂欢节。唐玄宗时的开元盛世，长安的灯市规模很大，各种灯多达5万盏，样式繁多。到了清代，满族入主中原，宫廷不再办灯会，民间的灯会仍然十分壮观。

（三）猜灯谜

猜灯谜又名"打灯谜"，始于宋代。南宋时，临安每逢元宵节时制谜，猜谜的人众多，最初好事者把谜语写在纸条上，贴在彩灯上让人猜，深受人们欢迎。

（四）耍龙灯

耍龙灯，又称"舞龙灯""龙舞"，起源可追溯到上古时代。相传，黄帝时期，在一种《清角》的大型歌舞中，就出现过由人扮演的龙头鸟身的形象，其后又编排了6条蛟龙互相穿插的舞蹈场面。如今，耍龙灯流行于中国很多地方。

（五）舞狮子

舞狮子始于魏晋，盛于唐，又称"太平乐""狮子舞"。一般由三人完成，一人充当狮头，一人充当狮身，另一人当引狮人。舞法上有文武之分，平时我们看到的舞狮子时而温顺，时而凶猛。

（六）踩高跷

高跷在春秋时就已经出现，是民间盛行的一种群众性技艺表演。

（七）走百病

走百病又称"散百病""烤百病"，参与者多为妇女，她们结伴而行，或走墙边，或过桥，或走郊外，以祛病除灾。

（八）放焰火

放焰火是元宵节最为喜人的活动，每到元宵节，大型广场都有放焰火的活动，大家围在一起观赏，场面非常壮观。

【雨水民俗及民间宜忌】

不同地区的雨水民俗不同，但都十分有趣，寓意着美好的祝愿，如占稻色、送雨水、找干爹等。

（一）占稻色

早在宋代，吴越民间就有正月十三、十四卜谷的习俗。所谓的卜谷，就是将糯谷放到锅中爆炒，以谷米爆白多者为吉。

客家人雨水节占稻色与吴越民间正月十四卜谷，具有同样的民俗意义，时间都是在正月十四正值雨水节前后，而且爆谷所用的材料、爆谷方法也大同小异。

赣南寻乌客家还会在雨水节前后的正月十六、十七晚上，以晴、雨来占卜是年早稻的丰歉，有谚语云："雨打残灯碗，早禾一把秆；雨打上元宵，早禾压断腰。"意思是说，如果雨水节时刻在正月十五元宵节，那么，该年早稻一定丰收在望；如果在正月十六、十七并且下雨，那么，那一年的早稻收成一定很低。

现在爆糯谷占卜收成的习俗已经淡化，变成了年底爆米花做煎堆馅习俗。清代屈大均《广东新语》记载："广州之俗，岁终以烈火爆开糯谷，名曰炮谷。以为煎堆馅。煎堆者，以糯粉为大小圆，入油煎之。"

（二）送雨水

四川成都东山客家人有送雨水的习俗，亦称作"送寄生""炖雨水"。这一天，女儿给要父母、女婿要给岳父母送节。女婿送节的礼品通常是一丈二尺长的红棉带，称为"接寿"，祈求岳父母长命百岁。女儿送节的礼品则是"寄生"炖猪蹄或炖鸡。女儿用砂罐将"寄生"炖了猪脚、鸡汤，再用红纸、红绳封住罐口，由女婿恭恭敬敬地给岳父母送去，代表女婿对辛苦将女儿养育成人的岳父母表示感激。如新婚女婿送节，岳父母还要回赠雨伞，寓意遮风挡雨，象征女婿一生平安顺利。

（三）找干爹

雨水节气，四川民间有一项非常有趣的习俗，即"拉保保"（保保即干爹）。以前人们都有求神问卦的习惯，请人帮忙看看自己的儿女命运如何，是否需要找一个干爹。找干爹是为了让儿女健康顺利地成长，于是就有了雨水节拉保保的习俗。

那么，为什么要在雨水节拉保保呢？意思是雨露滋润易生长。在川西民间有专门的拉干爹的场所，这天拉干爹的父母会提着装了好酒好菜香蜡纸钱的箢篼，带着孩子在人群中去找干爹。找什么样的干爹也是十分有讲究的，如果孩子身体不好，体质较弱，就拉一个身材高大强壮的人做干爹；如果希望孩子将来有文化，就找一个文人做干爹。一旦有人被拉着当干爹，若挣脱不掉，就只能爽快答应，然后，孩子的父母会摆好带来的酒菜、焚香点蜡，叫孩子"快拜干爹，叩头""请干爹喝酒吃菜""请干亲家给娃娃取名字"，拉保保就算成功了。

（四）回娘屋

雨水节回娘屋是流行于川西一带的风俗习惯。到了雨水节这一天，出嫁以后的女儿都会纷纷带上礼物回到娘家拜望自己的父母。

生育了孩子的妇女，还必须带上罐罐肉、椅子等礼物，感谢父母对自己的养育之恩。结婚以后长时间没有怀孕的妇女，则由她们的母亲为其缝制一条红裤子贴身穿着，据说这样可使其尽快怀孕生子。这一风俗现在仍然在农村流行。

（五）撞拜寄

川西民间，雨水节这一天，早晨天刚微微亮，雾蒙蒙的大路两边就有一些年轻妇女，手牵着幼小的儿子或女儿，在这里等待第一个从他们面前经过的行人。而一旦有人经过，也不管对方是男是女，是老是少，她们都会直接上前去拦住对方，把自己的儿子或女儿按捺在地，给这个人磕头拜寄，让孩子给对方做干儿子或干女儿。

这在川西民间被称作"撞拜寄"，即便是事先没有预定的目标，也会撞着谁就是谁。"撞拜寄"的目的就是为了让儿女更加顺利、健康地成长。当然，现在一般只在农村还保留着"撞拜寄"这一习俗，城里人一般都是将孩子"拜寄"给自己的朋友、同学或同事。

关于雨水节气的禁忌，民间有这样的说法，"雨水不落，下秧不着"，意思是说，如果雨水不下雨，下秧就没有了着落，那么，这一年庄稼就歉收。

【饮食起居宜忌】

雨水时节气候转暖，但又风多物燥，给身体带来些许不适，因此，人们要格外注意养生，需要注意的要点有：

（一）多吃新鲜蔬果，补充人体水分

雨水时节天气逐渐暖和起来，加之风多物燥，所以，人们常常会出现口干舌燥、嘴唇干裂的现象，多吃新鲜的蔬菜水果，有利于补充人体水分，缓解不适症状。

（二）除尘通风

冬季门窗紧闭，集聚了不少灰尘，在雨水时节应该对居室进行除尘通风，以减少和抑制病菌、病毒繁殖，从而有效地预防疾病的发生。

（三）不宜过早减衣

俗话说，"春不减衣，秋不戴帽"，雨水气温还没有转暖，不能过早减掉冬衣，不然会因气温变化较大，使病菌乘虚袭击肌体，容易引发各种呼吸系统疾病及冬春季传染病。

（四）少饮酒

初春，天气还比较寒冷，很多人喜欢喝酒暖身子。少量饮酒有利于通经、活血、化瘀和肝脏阳气之升发，而一旦贪杯就会适得其反，因为酒精要经过肝脏代谢，一次喝太多，超过了肝脏代谢能力，就会伤害肝脏。

【健康食谱】

早春时节，粥、汤是最利于健脾的食物，可以帮助脾胃滋阴，平衡健旺的阳气，下面就为大家介绍几款适合雨水节气吃的粥、汤食谱。

砂仁鲫鱼汤

配料：

鲜鲫鱼150克，砂仁3克，陈皮6克，生姜、葱、精盐各适量。

做法：

第一步，将鲜鲫鱼刮去鳞、鳃，剖腹去内脏，洗净。

第二步，将砂仁放入鱼腹中，然后与陈皮共同放入砂锅内，加适量水，用大火烧开，放入生姜、葱、精盐，煮至汤浓味香即可。

功效：

醒脾，开胃，利湿。

薏仁猪脚汤

配料：

薏仁30克，干净猪脚一只（约250克），黄酒、姜、盐、酱油、葱、胡椒粉各适量。

做法：

第一步，薏仁碾碎，猪脚洗净剁块与薏仁一同放入砂锅，加黄酒、姜及1500毫升清水，盖好。

第二步，先用猛火煮滚，除去汤面浮沫，再用文火煨约2小时。

第三步，待猪蹄烂熟后，依次加入盐、酱油、葱、胡椒粉。

功效：

健脾益胃，利湿，壮腰膝。

第三节

惊蛰：春雷乍响，蛰虫惊而出走

惊蛰的时间为每年阳历3月5日或6日或7日，寓意为春雷乍动，惊醒了蛰伏在土壤中冬眠的动物。

【惊蛰的由来】

惊蛰，为二十四节气中的第3个节气，太阳到达黄经345°时，古时称"启蛰"。后因汉朝第六代皇帝汉景帝的讳为"启"，于是便将"启"改为了意思相近的"惊"字。同时，孟春正月的"惊蛰"与仲春二月节的"雨水"，以及"谷雨"与"清明"的顺次都被置换，如下所示：

汉初以前：立春—启蛰—雨水—春分—谷雨—清明。

汉景帝时：立春—雨水—惊蛰—春分—清明—谷雨。

到了唐代，因不再避讳"启"字，又将"惊蛰"改回了"启蛰"，但由于用不习惯，大衍历再次使用了"惊蛰"一词，一直沿用至今。

我国古代将惊蛰分为三候："一候桃始华；二候仓庚（黄鹂）鸣；三候鹰化为鸠。"这句话的意思是说，惊蛰到了，桃花、李花都开了，黄鹂鸣叫，燕子开始由南往北飞，我国大部分地区进入了春耕阶段，蛰伏在泥土中冬眠的各种昆虫苏醒了。由此我们可以看出，惊蛰反映的是自然物候现象的节气。

我国劳动人民经过数千年的经验总结，会根据惊蛰时的天气情况来预判后期的天气情况，如根据惊蛰的风来预判，有"惊蛰吹南风，秧苗迟下种""惊蛰刮北风，从头另过冬"之说；根据惊蛰的冷暖来预判，有"冷惊蛰，暖春分"之说；根据惊蛰的雷鸣来预判，有"未过惊蛰先打雷，四十九天云不开"之说；等等。

【气候特点与农事】

惊蛰时节气温回升，雨水增多，此时，我国多数地区的平均气温已经达到0℃以上，华北地区日平均气温为3—6℃，但很少听到雷声，一般要到清明才会有雷声；沿江江南地区的气温为8℃以上，大部分地区已渐有春雷；而西南和华南已达10—15℃，早已是一派春意盎然的景象了。那么，此时农事上应该有怎样的安排呢？

（一）华北要防旱保墒

华北地区惊蛰升温快，但降水少。此时冬小麦开始返青生产，土壤处于冻融交替，及时耙地能有效减少水分蒸发，故有"惊蛰不耙地，好比蒸馒走了汽"的说法。

（二）华南中部和西北部做好追肥、灌溉工作

惊蛰期间，华南中部与西北部降雨总量通常仅为10毫米左右，继常年冬干之后，又会出现春旱。此时，华南小麦已拔节，

油菜开始见花，对水、肥的要求都较高，应抓紧时间追肥，干旱少雨的地方适当浇水灌溉。

（三）华南、华东长江河谷地区做好水稻与玉米的下种工作

华南、华东长江河谷地区，惊蛰期间的温度多在12℃以上，此时正是水稻和玉米下种的好时机，但若气温连续3天以上低于平均气温12℃，就不宜早播。

（四）华南地区应抓紧进行双季早稻播种

惊蛰期间，是华南地区双季早稻播种的时节，在抓紧播种的同时做好农田防寒工作。此外，随着气温的升高，茶树也开始萌动，应进行修剪，并及时追施催芽肥，以提高茶叶产量。

值得注意的是，温暖的气候条件为病虫害的发生提供了有利条件，应重视家禽家畜的防疫工作。惊蛰过后，我国部分地区将开始春耕生产。所以，还应抓好耕牛补料催膘，在春耕前半个月至一个月就要开始给牛增加营养。

【农历节日】

中和节在农历二月二，俗称龙抬头，又叫春龙节，起源于原始社会祭祀神灵的活动，在唐代正式形成中和节。据史料记载，唐代官员李泌上书给德宗皇帝，说正月里节日多，而二月里却没有节日，请将二月一日定为祈求丰收的中和节，这一提议得到百官的支持，于是便有了中和节。演变到后来，人们把中和节与祭社稷神合二为一，并把次日纪念土地神诞辰也纳入其中，而"中

"和节"这一原有的节名逐渐被人忘却。在民间，中和节这一天有很多习俗，如祭春龙、剃龙头等。

（一）祭龙

在过去，中和节是祭祀龙神的日子，这一天，人们都要到龙神庙或水畔焚香上供祭祀龙神，祈求龙神保佑一年五谷丰登。不过，在南方的一些地区，人们也把二月初二作为"土地公生日"，祭祀土地神。

（二）剃龙头

汉族民间有种说法是，正月剃头（理发）死舅舅。所以，在春节前无论多忙，都会去理发，然后一直等到"龙抬头"的日子再理发，称之为"剃龙头"，据说这一天理发能带来一年的好运。

（三）饮食常以"龙"字命名

山东威海等地会蒸糕，以祀春龙起蛰。滕州等地会蒸馍馍，名为"蒸龙蛋"；吃面条，名为"龙须面"；吃饼，名为"龙鳞饼"；吃鸡蛋，名为"龙蛋"。不过，有些地方在二月二这一天是不能吃面条和小米饭的，因为面条叫龙须，小米叫龙籽，吃了怕影响龙的健康。

（四）撒灰

时至今日，二月二撒灰依然在很多乡村流行，撒灰所用的灰一般是柴灰，也有用石灰或用糠的。人们将灰撒在门前，谓之

"拦门辟灾"；将灰撒在院中，做大小不等的圆圈，并象征性地放置一些五谷杂粮，称作"围仓"，以祝丰年；将灰撒在墙角，意在"辟除百虫"；将灰撒在井边，名曰"引龙回"，以求风调雨顺。撒法各地也不相同，一般从井边开始，一路撒来，步入宅厨，环绕水缸，灰线蜿蜒不断。

（五）熏虫

进入农历二月，天气逐渐暖和起来，各种昆虫开始活动。为避免昆虫对人体造成危害，在二月二这一天，人们纷纷摊烙煎饼、燃烧熏香，希望凭借烟气驱走毒虫。

（六）击房梁

击房梁与熏虫的目的大同小异，用木棍或者竹竿敲击房梁，以惊走蛇、蝎等毒虫。有的地方流行敲击炕沿，目的也是惊走蛇、蝎等毒虫。

【惊蛰民俗及民间宜忌】

惊蛰是一个重要的时节，在这一天，全国各地会通过各种各样的形式来庆祝，有很多非常有趣的习俗。

（一）"打小人"驱赶霉运

惊蛰，预示着二月份的开始，意思是会平地一声雷惊醒所有冬眠中的蛇虫鼠蚁，四处寻食。所以，古时候的人们会在惊蛰这一天，手持艾草、清香，熏家中四角，用香味来驱赶蛇、虫、蚁、鼠，以及霉味。后来，渐渐演变成了不顺心的人拍打对头人以驱赶霉运的习俗，这就是"打小人"的由来。

现在，每年惊蛰这一天，在一些地方都能看到一个有趣的场景：人们来到路边，点上香烛，将提前剪好的男女小人衣纸拿出来，并写上小人的姓名、生辰八字，然后将纸老虎折成立体状，以祭品拜祭。

最为有趣的是人们接下来要做的一系列的行为：先是脱下鞋子，用鞋底拍打，"痛打"一顿小人。再在小人的口舌上放上一把纸剪刀，意思是将小人舌头剪坏了，以后他就不能搬弄是非、说三道四了。紧接着在小人肚子上放一把纸刀，意思是将小人剖腹，取出黑心。之后，还要在小人脚上用纸锁锁链锁上，意思是以后小人就不能四处走动了。其后再用鞋子将小人毒打一顿，口中念念有词道："打你个小人头，等你有气冇得抖；打你只小人手，等你有手冇得有；打你只小人脚，等你有脚冇得走。"最后，用纸老虎压住纸小人，连同小人衣纸一起点燃，并将五色豆掷向焚烧中的衣纸，整个仪式才算结束。

此外，在有的地方人们也会准备贵人纸，将小人纸与贵人纸一同贴在墙上，贵人纸要头上脚下，而小人纸则要头下脚上，并且要贴在贵人纸的下面，寓意是贵人将小人踩在了脚下，使其不能为非作歹。

广东人认为，在惊蛰这一天，不仅害虫全部出动，就连小人也开始出来作祟，因此会去庙里打小人。他们相信打过小人后，就可以把小人、病痛统统赶走，此后的一年里就可以顺顺利利，平平安安。

（二）吃炒虫

惊蛰雷动，百虫"惊而出走"，逐渐遍及田园、庭院，或祸害庄稼，或滋扰人们的生活，所以，在惊蛰这一天，全国各地民间都会有不同的除虫仪式。

1. 粤东梅州大埔县

粤东梅州大埔县有炒惊蛰的习俗，每年在惊蛰这一天的晚间，家家户户都会拿出黄豆或者麦子，放在锅中乱炒一通，炒后捣烂，捣烂后再炒，反反复复地炒，多达十余次。在大埔有一种很小的黄蚁，凡是家里所藏糖果等食物，都会聚集大量的黄蚁，人们相信，在惊蛰这天晚上炒了豆麦等物，就可以驱除黄蚁。在炒的过程中，要边炒边念叨："炒炒炒，炒去黄蚁爪；舂舂舂，舂死黄蚁公。"

2. 广西金秀县

广西金秀县的瑶族，在惊蛰这一天，家家户户要吃"炒虫"。"虫"炒熟后，放在厅堂中，全家人围坐在一起大嚼，边吃边喊："吃炒虫了，吃炒虫了！"尽兴时还要比赛，看谁吃得多，嚼得响，大家会恭喜赢者为消灭害虫立了大功。其实，所谓的"虫"是用玉米来代替的。

3. 客家人

惊蛰是冬眠昆虫开始复苏活动之时，所以，客家先民主张早期灭虫。不同地方的客家人，"炒虫"方式也是有区别的。如闽西古汀州地区客家人，或在热水中煮带皮毛的芋子，或炒豆子、炒米谷，民间认为通过这种方式可以消灭多种小虫，故俗语称

"炒虫炒穿，煞（煮）虫煞穿"。

在江西上犹、崇义一带及吉安遂川客家，在惊蛰这一天上午，农家将豆种、南瓜子、向日葵子、谷种及各种蔬菜种子取一小撮放入锅中干炒，称之为"炒虫"。炒熟后分给自家或邻居小孩食用。据说这样做可保五谷丰收，不受虫害。

4. 浙江宁波地区

浙江宁波地区的农家视惊蛰为"扫虫节"，他们会拿着扫帚到田间举行扫虫仪式，比喻将一切害虫都"扫除"干净。如果遇上虫害，江浙一带的人们就纷纷将扫把插到田间地头，请扫帚神来帮助消除虫害。

（三）祭白虎

传说，白虎是搬弄是非之神，每年都会在惊蛰这一天出来觅食，开口吃人。人们认为如果惹上了白虎，在这一年之内都会遭到邪恶小人的报复，招致百般不顺。因此，人们会在这一天祭白虎，以求自保。

所谓祭白虎，就是拜祭用纸绘制的白老虎。拜祭时，点燃手中的香烛后，用肥猪血喂之，让它吃饱后不再开口噬人；再把猪肉抹在纸老虎的嘴上，让它充满油水，不能张口说人长短，有的嘴里还念念有词："好人近身，小人远离。"为方便人们祭祀，现在许多庙宇都安置了祭白虎的下坛。供祭祀的白虎雕像通常为龇牙咧嘴的形象。

（四）蒙鼓皮

惊蛰前后易响雷，古时候的人想象雷由雷神击鼓所发。雷神长有翅膀，鸟嘴人身，一手持捶，一手连续击打环绕周身的多面天鼓，便发出隆隆的雷声。在惊蛰这一天，天庭有雷神敲天鼓，人们也把握这个时机来蒙鼓皮。

（五）祭雷神

惊蛰的节气神是雷神，作为九天之神，地位崇高。相传雷公神是一只大鸟，而且随时拿着一支铁锤；就是他用铁锤打出隆隆的雷声，唤醒大地万物，人们才知道春天已经来了。各地客家均有俗谚云："天上雷公，地下舅公。"这一句话一方面指出了舅父在家族中的突出地位，另一方面也暗示雷公是天庭中继天公之后的重要神祇。

（六）惊蛰吃梨

在民间素有"惊蛰吃梨"的习俗，至于源于何时，已经无迹可寻，不过民间却有一个非常有趣的传说：闻名海内的晋商渠家，先祖渠济是上党长子县人，明代洪武初年，带着信、义两个儿子，用上党的潞麻与梨倒换祁县的粗布、红枣，往返两地，从中获利，后来，他们便在祁县定居下来。

雍正年间，十四世渠百川走西口，正好是惊蛰这一天，其父拿出梨让他吃后说：先祖贩梨创业，十分艰辛，定居祁县，今天惊蛰你要走西口，让你吃梨，是为了记住先祖，努力创业光耀门楣。渠百川走西口经商致富，将开设的字号取名"长源厚"。后来走西口者也仿效吃梨，寓意"离家创业"，后来惊蛰日也吃梨，也有"努力光宗耀祖"之意。

现在，依然有一些地方在惊蛰这一天吃梨，至于为何要吃梨，众说纷纭。

第一种说法，苏北及山西一带流传着"惊蛰吃了梨，一年都精神"的民谚。也有人说"梨"谐音"离"，惊蛰吃梨可让虫害远离庄稼，确保有一个好收成，所以，这一天全家都要吃梨。

第二种说法，古时候生物类别多，有些传染病没有特效药，而惊蛰这一天正是各种虫子苏醒的时候，吃梨是为了提醒大家预防虫害，防止疾病发生。

第三种说法，惊蛰时节，天气乍暖还寒，除了要注意保暖外，因天气干燥，让人口干舌燥，吃梨可生津止渴，助益脾气，增强体质，抵御病菌的侵袭。

（七）咒雀

在惊蛰这一天，咒过鸟雀，至谷物成熟时，鸟雀都不敢来啄食谷物，这是农家爱惜米谷的表现。

在云南宜威，惊蛰时儿童咒雀，一定要把自家所有的田埂走遍，才可以回家。有咒雀词道："金嘴雀，银嘴雀，我今朝，来咒过，吃着我的谷子烂嘴壳。"

（八）撒蜃炭

蜃是水中蛤类的总称，将蜃壳烧成灰，称之为蜃炭，能除虫防湿，其功用和石灰相同。

自古时起，人们就用蜃炭预防疾病及保护棺椁等。周代石灰还没有出现，所以，蜃炭很是被人珍视，只有贵族和富豪之家才能使用。把蛤烧成灰用来填塞棺椁，在当时是诸侯们使用的一种方法，属厚葬。如今凡是近海及邻近江河的地区，产蛤量多的地方都可大量利用蜃炭以除温驱虫。

虽说在惊蛰日及惊蛰日前后有响雷是正常的，但民间对此却有忌讳，认为在惊蛰之前响雷是不祥之兆。如江苏一带有谚语云："未蛰先蛰，人吃狗食。"意思是说，在惊蛰日之前听到雷声，就预兆这一年是凶年，粮食会减产。

还有一些地方忌讳在惊蛰日听到雷声，如湖北、贵州一带有谚语云："惊蛰有雷鸣，虫蛇多成群。"人们认为，惊蛰日闻雷，则夏季毒虫必多。

【饮食起居宜忌】

"春雷惊百虫"，惊蛰时节，天气变暖，给微生物的繁殖生长提供了有利条件，所以，人们在饮食起居方面应注意以下几点：

（一）清淡饮食

惊蛰后的天气明显变暖，不但各种动物开始活动，微生物也开始生长繁殖，此时是传染病多发的日子，要预防季节性传染病的发生，应多吃清淡食物，如蜂蜜、豆腐、鱼、芝麻、糯米、甘蔗以及新鲜蔬菜等。

（二）养成良好的卫生习惯

很多传染病的发生都与不讲卫生有密切关系，养成良好的卫生习惯能有效预防传染病，因而要养成饭前便后洗手的习惯，不随地吐痰，不吃不洁的食物，不乱丢垃圾；经常开窗通风，保持室内空气新鲜，以及室内和周围环境清洁。

（三）每天梳头百下

春季每天梳头是很好的养生保健方法，因为春天是自然阳气萌生升发的季节，这时人体的阳气有向上向外升发的特点，表现为代谢旺盛，生长迅速。所以，春天梳头有通达阳气的作用。

【健康食谱】

惊蛰时节天气逐渐变暖，万物生发，此时节的饮食要符合春令之气升发舒展的特点，导春阳之气，保障人体正常的新陈代谢。

木耳肉片汤

配料：

黑木耳25克，猪瘦肉200克，韭黄、淀粉少许，葱、姜、盐适量。

做法：

第一步，黑木耳用水泡开；猪肉切成薄片，用淀粉、盐、姜腌一下。

第二步，木耳沥干后放入油锅中爆炒，加水煮，煮开后加入肉片和韭黄，熟后撒上葱花即可。

功效：

益气养胃。

菠菜肝片

配料：

鲜猪肝250克，菠菜叶50克，黑木耳25克，葱丝、蒜片、姜粒各15克，绍酒、醋、酱油、淀粉、盐适量。

做法：

第一步，猪肝剔筋后洗净切片，加入适量淀粉和少许盐拌均匀。

第二步，锅置武火上烧热，加油烧至七八成熟后，放入肝片滑透，再沥去油。

第三步，锅中留少许油，放入蒜片、姜粒炒出香味，下肝片，同时将菠菜、木耳放入锅中翻炒，倒入酱油、绍酒、醋等调味，加入葱丝即可。

功效：

明目，去除毒素，增强免疫力，补血。

第四节

春分：草长莺飞，柳暗花明

春分的阳历时间为3月20日或21日，春分的寓意，一是指一天时间白天黑夜平分，都为12小时；二是古时以立春至立夏为春季，春分正当春季3个月之中，平分了春季。

【春分的由来】

春分，二十四节气之一，是春季90天的中分点，因而得名，此时太阳位于黄经0°（春分点）。春分从每年的3月20日（或21日）开始至4月4日（或5日）结束。在春分这一天，太阳直射赤道，昼夜长短几乎相等。春分日以后，太阳直射位置逐渐向北移，开始昼长夜短。

在我国古代，将春分分为三候："一候玄鸟至；二候雷乃发声；三候始电。"意思是说，春分日之后，燕子便从南方飞回来了，下雨时会有打雷打闪的现象。春分是一个比较重要的节气，不仅有天文学上的意义，南北半球昼夜平分，在气候上特征也十分明显。此时，我国大部分地区越冬作物进入了春季生长阶段，有农谚云："春分麦起身，一刻值千金。"祖国大地开始呈现出忙碌繁荣的景象。

【气候特点与农事】

春分节气的到来，预示着冬天即将远去，天气渐渐回暖，此时的气候呈现出三大特点：一是沙尘天气，在我国的西北大部、华北北部和东北地区，大风卷起的扬沙、高空飘来的浮尘，尤其是沙尘暴对大气造成的污染，给人们的生产生活带来了非常不利的影响；二是春旱，在我国北方，特别是西北、华北有"十年九春旱"的说法，春旱给冬小麦的生长带来不利影响；三是倒春寒，此时天气变化无常，气温回升很快后又会出现持续下跌，即倒春寒，严重影响农作物的生长。在春分时节，人们应做好以下农事活动：

（一）做好水稻、玉米等农作物的播种

春分节气后，气候温和，我国南方大部分地区雨水充足，阳光明媚，越冬作物进入了春季生长阶段。此时是水稻、玉米等作物播种的好季节，为避免倒春寒天气的影响，应抓住"冷尾暖头"天气做好早稻育秧。因为严重的倒春寒不仅会影响油菜花的开花授粉及角果发育，还会使早稻和已播的棉花、花生等作物死亡和烂秧烂种。

（二）植树造林

春分前后是植树造林的好时候，有诗云："夜半饭牛呼妇起，明朝种树是春分。"可见春分植树造林的紧迫性。春分时节应抓紧营造竹林、油茶林，进行林木育苗，防治马尾松毛虫。北

方地区尤其要注意森林火灾，春季天气干燥加之风多风大，是火灾的高发期。

（三）北方防春旱，南方防涝

春季北方地区多发生春旱，如东北、华北和西北广大地区降水往往不多，对于这些地区来说，抗御春旱的威胁是农业生产上的关键所在。而长江以南地区，降雨较多，很快就会进入桃花汛期，此时要注意搞好清沟沥水、排涝防渍工作。

（四）加强冻害防御

春分过后，我国多数地区冬作物进入春季生长阶段，华北地区很可能会出现"倒春寒"，即春分下雪，这对麦子的生长危害非常大。农谚有"冬雪宝春雪草"之说，因此，春分时节要加强冻害防御工作，如选用抗寒良种，麦子播种深度合理，增施钾肥，灌水或喷雾等。

【农历节日】

花朝节，俗称"花神节""花神生日""百花生日"，是中华民族传统节日，时间为农历二月初二，也有在二月十二、二月十五举行花朝节的。你知道在花朝节这一天，民间有哪些习俗吗？

（一）踏青、赏红

在花朝节期间，人们会结伴到郊外游玩，赏花看柳，称之为

"踏青"，女孩子们剪五色彩纸粘在花枝上，称为"赏红"。

（二）祭花神

旧时江南一带以农历二月十二为百花生日，在这一天，每家每户都会祭花神，到花神庙去烧香，祈求花神降福，保佑花木茂盛。

此外，各地还有"装狮花""放花神灯"等风俗。如今，传统的花朝节已经流变为更加绚丽夺目的时令性花市花展，群众性的赏花风潮依然盛行。

【春分民俗及民间宜忌】

在古时候，春分是一个传统节日，所以，留下了很多有趣的风俗，不同地区的人们其风俗也有一定的差别。

（一）祭日

春分祭日源于周代，仪式相当隆重。明代皇帝祭日时，奠玉帛，礼三献，乐七奏，舞八佾，行三跪九叩大礼。清代皇帝祭日礼仪有迎神、奠玉帛、初献、亚献、终献、答福胙、彻馔、送神、送燎等九项议程，可见其隆重。

古代帝王的祭日场所多设在京郊，早在元朝的时候，北京就建有日坛。而现存的这座日坛始建于明嘉靖九年（1530年），位于北京朝阳门外东南日坛路东，又叫朝日坛，是明、清两代皇帝在春分这天祭祀大明神的地方。朝日定在春分的卯刻，每逢甲、丙、戊、庚、壬年份，皇帝亲自祭祀，其余的年岁由官员代祭。现在，日坛告别了祭日敬神的时代，成为人们休闲游览的好去处。

（二）春祭

春分时节，人们要扫墓祭祖，也叫春祭。扫墓之前，要先在祠堂举行隆重的祭祖仪式，杀猪、宰羊，请鼓手吹奏，由礼生念祭文，带引行三献礼。

扫墓的时候，先扫祭开基祖和远祖坟墓。全村和全族的人都要参加，规模非常大，有时多达上千人。扫完开基祖和远祖墓之后，分房扫祭各房祖先坟墓，最后各家扫祭家庭私墓。多数客家地区春季祭祖扫墓，都从春分或更早一些时候开始，最晚清明一定要扫完。因为民间有一种说法，清明后墓门就关闭了，祖先英灵就无法享用到了。

（三）吃春菜

春分时节，万物复苏，正是吃春菜的好时节。在岭南一些地方有一个习俗，叫作"春分吃春菜"。春菜是一种野苋菜，乡人称之为"春碧蒿"，在春分这一天，人们都会去采摘。采回的春菜常与鱼片"滚汤"，称之为"春汤"，有一句顺口溜是这样说的："春汤灌脏，洗涤肝肠，阖家老少，平安健康。"

（四）戒火草

南北朝时，在春分这一天，江南人会在屋顶上栽种戒火草，这样一整年都不会担心有火灾发生了，体现出人们对平安生活的美好向望。

此外，被古人认为是"火灾克星"的还有树木，如赣东北地区民俗，开水塘、种樟树以防火灾；江苏泰州民俗，认为黄杨辟火，还有些地方，旧时民间在门前插柳来防火患。

（五）立春蛋

据说，在每年的春分这天，世界各地都会有很多人做"竖蛋"试验。据史料记载，春分立蛋的传统起源于4000年前的中国，当时是为了庆祝春天的到来，后来演变成一种祈求好运的传统。

（六）拜神祈福

在福建漳州，春分前后的民俗节日有农历二月十五开漳圣王诞辰。开漳圣王又称"陈圣王"，为唐代武进士陈元光，他治理漳州25年，人们感恩他对漳州巨大的贡献，敬奉他为漳州的守护神。

此外，农历二月二十五为三山国王祭日。三山国王是指广东省潮州府揭阳县的独山、明山、巾山三座山的山神，早年由潮州客家移民奉为守护神，故信徒以客家人为主。农历二月十九为观世音菩萨的诞辰之日，每年的这一天，各地信徒都会前往观音寺庙祭拜。

（七）逐疫气

安徽南陵把春分称为"春分节"。在这一天的黄昏，乡村的儿童会争相敲打铜铁响器，东乡叫"逐厌毛狗"，西乡叫"逐野猫"，南乡叫"逐毛狗"，北乡叫"逐疫气"。

广东阳江妇女会在春分这天上山采集百花叶，舂成粉末，与米粉和在一起做汤面吃，据说有清热解毒的功效。

（八）酿酒

在浙江、山西等地流传着春分日酿酒的习俗。在山西陵川，春分这天不仅要酿酒，还要用酒、醋祭祀先农，祈求庄稼丰收。

（九）犒劳耕牛、祭祀百鸟

在江南地区流行春分犒劳耕牛、祭祀百鸟的习俗。春分到了，耕牛即将开始一年的劳作，农民用糯米团喂耕牛，以示犒赏；祭祀百鸟，一是感谢它们提醒农时，二是希望鸟类不要偷食五谷，祈祷丰年之意。

（十）放风筝

春分期间是孩子们放风筝的好时候，特别是在春分这一天，很多大人都会参与放风筝的活动，有时还会比赛，看谁的风筝放得最高，非常热闹。

（十一）粘雀子嘴

春分这一天，很多地方的农村每家每户都要吃汤圆，而且还要把无馅的汤圆煮上二三十个，用细竹叉扦着放在室外田边地坎，名曰粘雀子嘴，以防止雀子来破坏庄稼。

除了以上的习俗外，在春分这一天，还有很多禁忌，如在一些地区，春分这一天，农民要举家休息，不能从事生产活动，不能动土、动针，也不能扫地。山东一带民间常在春分日栽植树木，所以忌春分晴天。畲族在这一天忌挑粪，忌到河里洗衣服，也忌晾晒。

【饮食起居宜忌】

春分，正值春之旺，是万物复苏的时刻，那么，在此时人们的饮食起居方面应该注意哪些事项呢？

（一）多食时令菜

春分一过，天气转暖，郊外的野菜生长得非常茂盛，此时应该多吃一些时令菜，比如荠菜、马兰头、马齿苋等，以调养肠胃。同时要少喝酒，以避免对肝脏带来过大的负担。

（二）减衣不宜过早过多

春分时节，无论南方北方，都是春意盎然的大好时节，全国的平均气温稳定在10℃左右。但春分时节，天气忽冷忽热，昼夜温差大，且不时有寒流侵袭，因此，在减衣时不宜过早过多，以免感冒。

（三）外出春游准备要得当

春分时节，正是外出游玩的大好时节，外出时要注意保暖，不能贪凉，最好带一把折叠伞或一次性方便雨衣，以免因雨淋而染上风寒。

【健康食谱】

春分养生以养肝、祛湿、健脾为主，又因春分多雨潮湿，饮食应以化气去湿温补为主，故春分时节最适合喝汤。

老鸭笋汤

配料：

老鸭约750克，笋尖150克，枸杞少许。

做法：

第一步，将老鸭洗净，去除鸭头、鸭尾及肥油，切块后用清水漂20分钟，沥干。

第二步，笋用水泡软后洗净，掐头去尾，取中段切丝。

第三步，将所有原料一同放入煲内，加清水1500毫升，大火煲滚，转小火慢煲4小时左右，起锅加盐调味。

功效：

滋阴补肾，强身健体，清理肠胃。

苋菜豆腐鱼头汤

配料：

苋菜600克，豆腐2块，大鱼头1个（约500克），姜丝适量。

做法：

第一步，将以上食材分别洗净，苋菜切段，豆腐切块，鱼头去鳃。

　　第二步，起油镬爆香姜，下鱼头煎至微黄时溅入少许热水。在瓦煲加入清水1500毫升，武火滚沸后，下各物滚沸后改文火煲约45分钟，下盐便可。

　　功效：

　　清热、解毒、润肠，健中补虚。

第五节
清明：气清景明，清洁明净

清明的阳历时间为4月4日或5日或6日，寓意是万物生长此时，皆清洁而明净。

【清明的由来】

清明节，又叫踏青节，在仲春与暮春之交，是中国的传统节日，也是祭祖和扫墓的日子，始于周代，距今已经有2500多年的历史了。关于清明节的起源，有几种说法。

第一种，据传清明节始于古代帝王将相"墓祭"之礼，后来民间也开始仿效，在清明这一天祭祖扫墓，历代沿袭，成为一种固定的习俗。

第二种，介子推的传说。相传在春秋时期，晋公子重耳为逃避迫害，逃到了国外。在逃跑的途中，到了一处荒无人烟的地方，他又累又饿，十分疲惫。随臣找了半天也没有找到吃的东西，就在大家十分着急的时候，随臣介子推走到一偏僻之处，在自己的大腿上割下一块肉，煮了一碗肉汤，让重耳吃下。重耳恢复了体力，精神了许多，当他发现肉是从介子推腿上割下的时候，感动得流下了眼泪。

19年后，重耳做了国君，即历史上的晋文公。即位后，他重重地奖赏了当初陪伴他流亡的功臣，唯独忘了介子推，大家都为介子推感到不公，劝他向国君去讨赏，但介子推却不为所动，悄悄地跑到绵山隐居去了。

晋文公听后，羞愧莫及，亲自带人去请介子推。但介子推已经离家去了绵山，绵山山高路险，林木茂密，要找到他十分困难。于是，有人建议从三面火烧绵山，以逼出介子推。可大火烧遍了绵山，依然没有见到介子推。大火熄灭后，人们才发现介子推已经死在一棵老柳树下。晋文公十分伤心，装殓时，从树洞里发现一封血书，上面写道："割肉奉君尽丹心，但愿主公常清明。"

为纪念介子推，晋文公下令将这一天定为寒食节。次年，晋文公率众臣登山祭奠，发现老柳树死而复活，便赐老柳树为"清明柳"，并昭告天下，把寒食节的后一天定为清明节。

第三种，清明节的名称与此时的天气物候特点相关。西汉时期的《淮南子·天文训》中说："春分后十五日，斗指乙，则清明风至。""清明风"即清爽明净的风。《岁时百问》则说："万物生长此时，皆清洁而明净。故谓之清明。"虽然作为节日的清明在唐朝时才形成，不过，作为时序标志的清明节气在很早就被古人知晓了，可追溯到汉代。

【气候特点与农事】

"清明时节雨纷纷"，这是诗人杜牧对江南春雨的写照。但事实上并非所有的地方都"雨纷纷"，尤其是华南西北常会春旱，降水量不足江南一带的一半，而华南东部虽然春雨较多，但依然无法满足农业生产的需要。此外，五六月份是一年中冰雹最多的月份，对农作物的生长也带来不小的影响。清明时节，除了东北、西北地区以外，我国大部分地区的日平均气温升到了12℃以上，九州到处呈现出一片繁忙的春耕景象。那么，此时农事上有怎么样的安排与活动呢？

（一）防御晚霜冻对农作物的影响

清明时节，北方仍然有冷空气侵袭，在田间管理工作中，要做好晚霜冻的防御工作，以免造成中稻烂秧和早稻死苗，所以，水稻的播种、栽插要避开冷尾暖头。

（二）做好肥水管理与病虫害防治工作

"清明时节，麦长三节"，黄淮地区以南的小麦马上就要孕穗，油菜花已经盛开，东北和西北地区的小麦进入拔节期，此时应抓紧做好后期的肥水管理和病虫防治的工作。

（三）做好果树、茶树的管理

清明时节，很多果树进入了花期，要做好人工辅助授粉，以提高坐果率。此外，这时候茶树新芽抽长正处于旺盛期，要注意防治病虫。

（四）及时播种农作物

清明时节，北方旱作和江南早、中稻都进入了大批播种的季节，此时要抓紧时机抢晴早播，玉米、高粱、棉花也将要播种。华南的早稻栽插扫尾，耘田施肥也应及时进行。

（五）防止湿害对庄稼造成伤害

清明时节，雨量增多，尤其是江南地区。虽然雨水充足对农作物的生长发育有好处，但降水过多，就会诱发湿害，从而对庄稼造成伤害，因此一定要加强防范。

【农历节日】

寒食节，又称为"冷节""百五节""禁烟节"，在夏历冬至后105日，清明节前一两日。关于寒食节的由来，不同的朝代说法不同。

（一）远古时期

在远古时期，每到初春时节，气候干燥，人们保存的火种极易引发火灾，再加上春雷也容易引发山火，古人便在这个季节进行隆重的祭祀活动，把上一年传下来的火种全部熄灭，即"禁火"。

之后，人们要重新钻木取火，作为新一年生产与生活的起点，称之为"改火"或"请新火"。改火时，要举行隆重的祭祀活动，将谷神稷的象征物焚烧，称为人牺，世代相传，就形成了后来的禁火节。

在禁火期间，人们要准备充足的熟食以冷食度日，即为"寒食"，故而得名"寒食节"，被称为民间第一大祭日。

（二）春秋时期

后来禁火节转化为寒食节，用以纪念春秋时期晋国的名臣义士介子推（此传说已在"清明节的由来"中详细阐述，在此不再赘述）。

（三）魏晋时期

汉朝时，山西民间要禁火一个月表示对介子推的纪念。三国时期，魏武帝曹操曾下令取消寒食节。三国归晋以后，因与春秋时晋国的"晋"同音同字，所以对晋地掌故特别垂青，纪念介子推的禁火寒食习俗得以恢复，时间为3天。更为重要的是，将寒食节纪念介子推的说法扩展到了全国各地，使寒食节成了全国性的节日。

寒食节，距今已有2600多年的历史。历史上，因寒食清明两节相近，久而久之，便合为一个节日。其习俗也十分相近，关于寒食节、清明节的习俗在"清明民俗及民间宜忌"中将会有详细阐述。

【清明民俗及民间宜忌】

清明节的习俗丰富又有趣的，除了踏青、荡秋千、插柳等一系列风俗体育活动外，还有很多民间禁忌。下面就让我们来看看非常重视传统风俗的广东人在清明节这一天有哪些风俗习惯。

（一）东莞：拜山、吃艾粄

在东莞，清明扫墓叫"拜山"，也叫"挂纸"，并且对祭品也非常讲究，苹果代表平安，甘蔗代表节节高升，乳猪代表全家富贵。

客家人在清明节吃艾粄有不同的说法，在东莞凤岗，传说是因清明时节雷雨多，吃了艾粄不怕被雷劈。也有人说吃了艾粄，小孩子会变乖。

（二）韶关：采撷艾叶做粄

韶关地区的客家人在清明节扫墓时，会先将祖坟周围的杂草铲光，对土坡进行清理，然后用鸡鸭鱼肉、鲜果糕点、酒水进行祭祀，最后鸣放鞭炮，回家就餐。

许多山区群众会采撷新鲜艾叶，和以糯米、白糖，用来做"青粄"，俗称"清明粄"，具有祛风祛湿、驱除体内寄生虫的奇效，非常适合在天气潮湿的春天食用。

（三）肇庆：食蔗要食到尾

在肇庆，按照旧的习俗，传统的祭品一般是四大件，即甘蔗苹果等水果、纸钱元宝、烧猪、发糕面点等。"祭祖金猪"寓意大展宏图。

扫墓时，人们要带上酒食果品、纸钱等物品，将食物供祭在亲人墓前，将纸钱焚化，为坟墓培上新土，再折几枝新枝插在坟上，然后叩头行礼祭拜，最后吃掉酒食，就可以回家了。

另外，肇庆还有吃甘蔗的习俗，寓意甜甜蜜蜜。大人会叮嘱小孩子，吃甘蔗要从头吃到尾，不能没吃完就扔掉，据说这样子以后做事就会善始善终，不会虎头蛇尾。

（四）肇庆广宁：博"头彩"

在广宁称扫墓为"修清"，有"修葺"之意，意思是为先人墓地除草平整，把周围的环境修葺一新，拜祭祖先。广宁人称，"修太公清"人人都想博"头彩"，哪怕是供一个太公的后人，谁家"抢先修得太公清"，谁家就能先得到太公祖的保佑，一年都会顺顺利利的。

当地清明祭奠祖先的祭品中必不可少的两样东西是粽子和发糕糍，粽子是"众子"的谐音，寓意人丁兴旺；发糕寓意先人保佑后代发达。每年清明节，广宁全县家家户户都会蒸发糕、包粽子。

在传统习俗中，广宁妇女是不能上山"修清"的，特别是外嫁女不得回娘家扫墓祭祖。除了重男轻女之外，当地农村人更相信清明拜祭先人是祈求福气，外嫁女回娘家修清扫墓，会把娘家的福气带走。

（五）惠州：敛糕祭祖、插柳

在清明节，惠州除了踏青、祭祀、扫墓等习俗外，还有身带艾草、包艾粄吃的特有习俗。在当地的习俗中，焚烧祭品及供奉三牲、敛糕等都是必不可少的。敛糕原是礼仪专用食品，惠州居民每当出生、婚仪、寿诞等喜事，就会蒸红敛糕，丧事就蒸白敛糕。

除了用敛糕祭拜先人外，惠州人还会吃艾粄。清明节前夕，人们到田间野外采摘艾叶，剁烂成浆后与米粉和糖做成粄糕，蒸熟后分给大家食用。因艾叶有祛湿、健脾胃的功效，所以有吃清明艾板身体强健之说。

此外，清明前后，许多人家门前都会插上柳枝，即插柳。人们认为柳枝具有辟邪作用，这与身带艾草一样，是为了祛秽。

（六）佛山：插柳纪念忠臣

在民国前，过清明节最主要的一个程序就是到祠堂拜祭太公，即开村之人。不过，女人是绝对不能上山扫墓的，主要是因为不能参加太公分猪肉的仪式。

佛山人有清明插柳的习俗，是为了纪念晋朝大臣介子推。介子推为明志守节而焚身于大柳树下，第二年，老柳树死而复生。晋文公将老柳树赐名为"清明柳"，并当场折下柳条戴在头上，用以表示对介子推的怀念。从此，群臣百姓们纷纷仿效，这个习俗便一直传承下来。

（七）广州：清明吃荞菜

传统的广州人非常重视清明，有在清明当日"行清"的习俗。"行清"并非踏青，而是一族人一起约定当天一起去扫墓。

祭祀完了后，分了猪肉，并不算是拜祭的完成。家人会将猪肉带回家，配上清明时节的菜蔬"清明荞菜"，炒着吃；还有人家另外用这个"清明荞菜"配鸡蛋丝烧肉丝、炸春卷食用。吃完了这些菜肉，"行清"任务才算完成。

（八）河源：吃清明粄

在以客家风俗为主的河源地区，到了清明时节，常制作应节食品清明粄。清明粄属药膳一类，是客家地区具有特色的节日食品之一。

在清明前夕，客家地区的人们从野外采集各种供食用的青草药，如荠菜、枸杞叶、艾草、麻叶、鸡矢藤、清明菜等。先将草药洗净、去梗、煮熟，拌在预先浸透滤干的糯米中，用器皿春成饭团，添进红糖搓匀，制成块蒸熟。

（九）潮汕：食薄饼和朴子粿

潮汕地区盛行在清明时节吃薄饼，据说是从古时的寒食节习俗演变而来，早在明代已有食糖葱薄饼的习俗。那么，清明节为什么要吃薄饼呢？这里面有一个传说。

清康熙年间，郑成功之子郑经率兵围攻闽南的漳州城，清军守将黄芳度出兵顽抗，围城数月，使得城里的百姓饿死无数，活着的人便用草席裹尸掩埋。后来，清军投降，漳州百姓为悼念死难亲友，特做薄饼状如草席裹尸，以此祭祀亡灵。

此外，潮人清明扫墓都会蒸朴子粿，据说，当年元兵在清明前入侵潮汕地区，杀戮掠夺，百姓被迫无奈逃入山林中，为了充饥，只好采摘朴子叶、果籽充饥。后人故有"清明食叶"民谚。

（十）梅州：客家人清明节不扫墓

在过去，客家人的扫墓时间不在清明，而是在农历二月或九月。据记载，客家人在千年迁徙过程中，会背上祖先的骸骨，一起辗转漂泊。找到了落脚的地方，再将骸骨擦洗干净，装入"金罂坛"，然后，选一块风水宝地，选择一个好日子下葬，以祈祖先能福荫子孙后代。

客家人祭祀祖先，每年的大年三十必定要拜祭天地和列祖列宗，感谢一年来的赐福保佑。此外，还有春秋两祭，但不是清明祭祀，一是因为清明节处于三荒四月，贫穷的客家人连祭祖的三牲也难以办齐，更不要说其他祭品了；二是因为清明正值春耕季节，家家户户都在忙于生产。

所以，客家人祭祖，又叫挂纸，或叫作醮地，都在农闲的农历一月和九月，九月秋收后又有牲礼可祭祖。

广东人除了有以上清明的习俗外，还有八大禁忌，可谓讲究至极。

禁忌一：忌嬉闹、评议先人

扫墓完毕后，有人就开始嬉闹了，这是不被允许的。坟地是阴灵沉睡的地方，嬉笑怒骂会打扰到阴灵，是大不敬。评议先人就更不可取了。

禁忌二：不能在墓地照相

扫墓目的是为了祭祀祖宗，而非玩乐。举头三尺有神明，扫墓的时候，最好心怀敬意，专心谨慎，万不要在墓地合影。

禁忌三：孕妇不能扫墓

孕妇最好不要去扫墓，因为坟地阴气太重，会对胎儿和孕妇的健康造成影响。此外，女性有例假，也要避免此类活动。

禁忌四：身体欠佳，时运不济不能扫墓

正处于生病状态，或虚弱状态的，或最近运气不佳诸事不顺的人最好不要去扫墓，因为此类人正处于总体运势低迷的状态，极易招致晦气。

禁忌五：外人不能参与扫墓

清明时，以外人的身份去扫墓是比较忌讳的，易招致不必要的麻烦。

禁忌六：忌穿大红大紫

清明节是不能穿着大红大紫去上坟的，尤其需要注意的是，佩戴或是内衣上不能使用红色，但本命年除外。

禁忌七：头发不能遮住额头，忌买鞋

清明节也算是鬼节，在发型上需要注意，头发不能遮住额头，因为额头是身体的神灯所在，是不可遮住的。另外，鞋子也不宜在清明节时购买，因为鞋同邪。

禁忌八：必须修整坟头上的草

坟墓上长植物，必须清除，切不可使其长出气候。所谓扫墓，就是清扫不利于墓地的东西，坟头的草木会对家族的成员造成伤害，包括气运和健康，都非常不利。

【饮食起居宜忌】

有诗云："清明时节雨纷纷。"清明是多雨的季节，此时，人们在饮食起居上应注意以下四个方面：

（一）多晒太阳

俗话说，菜花黄，痴子忙。这个时节是抑郁症的高发时期，此时，人们应该多晒太阳，因为研究发现，每天照射一定量的阳光或明亮的光线，可以减少抑郁症的发生。

（二）老人晨练多注意安全

天气暖和了，老年朋友又开始晨练了。老年人在晨练时，注意运动量和运动幅度不要太大，做一些放松躯体、关节的活动为宜。另外，锻炼时间不要太早，初春万物复苏，空气中有很多对人体有利的负离子，易于人体吸收。

（三）出游当防"三毒"

清明时节，人们纷纷出去踏青。外出时应做好防"三毒"的工作，即防花毒、防蜂毒、防病毒，以免给自己的出行带来不必要的麻烦与烦恼。

（四）少吃"生火"食物

天气变暖，人容易上火，此时要少吃"生火"的食物，例如甜食、油炸食物、热性食物，如生姜、辣椒、大蒜、羊肉、狗肉等。

【健康食谱】

清明时节很容易"肝旺"，肝气旺对脾胃不好，所以，在饮食上就要特别注意，以下两款最适合清明养生的食谱，常吃有助于身体健康。

口蘑白菜

配料：

白菜250克，干口蘑3克，酱油、白糖、精盐、味精、植物油适量。

做法：

第一步，白菜洗净切成3厘米段，干口蘑温水泡发。

第二步，油入锅内烧热后下白菜入锅炒至七成熟，再下口蘑、酱油、糖、盐入锅炒熟后，放入味精搅拌均匀即成。

功效：

清热除烦，益胃气、降血脂。

清炒螺蛳

配料：

螺蛳500克，葱、姜、糖、盐、酱油、油、胡椒粉各少许。

做法：

第一步，螺蛳放清水里，滴几滴香油养1天，让螺蛳吐尽泥沙；第二天，将螺蛳尾壳剪掉，再养2小时左右，洗净沥干备用。

第二步，锅烧热，加油，下葱、姜爆香，再下螺蛳翻炒1分钟后，加料酒、酱油、糖，最后加一小碗热水，盖锅盖烧3分钟出锅，撒胡椒粉、葱花即可。

功效：

清热，利水，明目。

第六节

谷雨：雨生百谷，禾苗茁壮成长

谷雨的阳历时间为4月19日或20日或21日，谷雨是"雨生百谷"之意。

【谷雨的由来】

每年太阳到达黄经30°时为谷雨。关于谷雨时节的由来，有两个传说。

（一）仓颉造字说

黄帝时代，朝中出了一个能人，名叫仓颉。他为了摆脱人间没有汉字的苦难，辞官外出，遍访九州，回到家乡后，又潜心造字，利用3年的时间，终于造出一斗油菜籽那么多的字。玉帝听说此事后，大受感动，决定重奖仓颉，奖给他一个金人。

一天晚上，仓颉正在睡觉，突然听到有人喊他："仓颉，快来领奖。"仓颉迷迷糊糊地睁开眼睛，看到地上立着一个金人，弄明白这是天上神仙给他的奖励后，他认为自己只是做了该做的事情，并不配受奖励。

第二天，仓颉叫人将金人送到黄帝宫中，说这是他偶然捡来的，并说这是天下之物，理应天下人共用，不能据为己有。黄帝笑纳了。过了四五天，金人却不翼而飞了，黄帝心里很难受，却不知道金人去了哪里，便将此事告诉了仓颉。

却说仓颉正在酣睡，梦中又听到有人大喊："仓颉，你不要玉帝给的金人，你想要什么？"仓颉说："我想要五谷丰登，让天下的老百姓都有饭吃。"次日，仓颉正要出门，却见漫天下的都是谷粒，足足下了半个时辰，地上积了一尺多厚才停住。仓颉高兴极了，急急忙忙跑出门，只见整个村子到处都是谷粒。

仓颉赶紧跑去告诉黄帝，在途中正好遇到黄帝派来的人，互相说明情况后，一起去见黄帝。听了仓颉的汇报，黄帝十分感动，便把下谷子雨这一天作为一个节日，称为谷雨节，命令天下的人每年到了这一天都要载歌载舞，以示庆祝。从此，谷雨节便传承了下来。

（二）谷雨救花仙

相传，在唐代高宗年间，有一位名叫谷雨的年轻人，水性非常好。有一次，谷雨的家乡曹州发了大水，他凭借着自己的本事救出了村民，并冒死救出一株牡丹花，拜托一位花匠师傅好好栽养它。

数年后，谷雨的母亲生了重病，谷雨既要照顾母亲，又要做事，十分辛苦。这时，有位美丽的女子来到谷雨家中，每天都来照顾他的母亲。谷雨与这位女子日久生情，得知这位姑娘名叫牡丹仙子，就是他几年前救起来的那株牡丹，牡丹仙子约定："待到明年四月八，奴到谷门去安家。"

后来，牡丹仙子的仇人秃鹰得了重病，逼迫牡丹姐妹为他酿造花蕊丹酒来治病。牡丹姐妹不顺从，便被秃鹰抓走。谷雨历尽艰险，终于在自己生日那天闯入魔洞战胜秃鹰，救出了众花仙。

可当大家准备回家时，一息尚存的秃鹰用一支暗箭刺中了谷雨。牡丹仙子恼怒万分，拿起谷雨的板斧，将秃鹰砍成了肉泥，之后抱起谷雨的尸体，泣不成声。谷雨用自己的生命救了众花仙。从此，在谷雨死的那一天，就会下雨，所有的牡丹都会开放，以此来纪念谷雨。

【气候特点与农事】

谷雨是春季的最后一个节气，它意味着春将尽，夏将至，这个时节的气候呈现出四大特点：一是风沙，我国北方地区因气温高，土壤干燥、疏松，加之风多，很容易发生风沙天气；二是春旱，淮河流域是江南春雨和北方春旱区的过渡地区，从秦岭、淮河附近向北，春雨急剧减少；三是强对流天气，进入5月，在南方的许多地区，会出现局部的雷暴、冰雹、龙卷风等灾害性天气；四是大暴雨，在我国长江中下游、江南一带，降雨量明显增多，尤其是华南，一旦冷空气和暖湿空气交汇，常常形成较长时间的降雨天气，即进入一年一度的前汛期。那么，这个时节的农事活动有哪些呢？

（一）抓紧时间播种农作物

谷雨前后是农业生产最繁忙的时节，我国北方大部分地区正值农作物播种、出苗的重要时期，华北平原霜期结束，水稻、谷子、棉花开始播种，长江流域的水稻、烟叶、红薯正在播种。在华南地区，此时正适宜红苕栽插。红苕在谷雨后早栽，能在伏旱前使藤叶封垄，增强抗旱能力，获得高产稳产。

（二）做好病虫害防治工作

北方地区的小麦正处于生长期，要注意防旱防湿，预防白粉病、麦蚜虫、锈病等病虫害，拔除黑穗病株，同时要做好预防倒春寒和冰雹的工作。

（三）抓紧施肥

谷雨时节，黄河流域的冬小麦处在拔节或抽穗阶段，此时要抓紧施好孕穗肥，秧苗要于二叶期追施"断奶肥"。

（四）防旱防涝

谷雨时节，华北、西北地区仍是少雨季节，加强春旱防御工作的任务依然很艰巨，而长江以南地区降水丰沛，此时农田防渍防涝决不可放松。

（五）做好农作物的收割工作

气温上升较早的闽南、广西地区的小麦已成熟收获，春茶的采制也已进入旺季，宜抓紧进行。

除此之外，养蚕人要加强春蚕的饲养工作，以捕鱼为生的渔家也应早出晚归，忙着捕鱼。

【农历节日】

上巳节，是一个纪念黄帝的节日。相传三月三是黄帝的诞辰，中国自古有"二月二，龙抬头；三月三，生轩辕"之说。魏晋以后，将上巳节固定在三月三，并传承至今。在这一天，古人会在水边洗濯污垢，祭祀祖先，叫作修禊、禊祭、祓禊，或单称禊，后来，演变成了水边饮宴、郊外游春的节日。下面我们来看一看在上巳节这一天，民间有哪些习俗。

（一）举家出游

在三月三这一天，有的人家会带着酒菜在郊外野餐，因为这时候正是杏花开放的时候，故有"三月杏花香"的说法。

（二）放风筝

三月初三有放风筝的民俗，有人说风筝是战争中传递情报的工具，但在民间是一种游戏，是一种老少皆宜的健身活动。

（三）荠菜煮鸡蛋

农历三月三，国人有吃荠菜煮鸡蛋的习俗。荠菜是生长在田间的一种野菜，鲜香可口、营养丰富，春天正是采食荠菜的季节。

（四）三月三情人节

在一些少数民族仍保留三月三情人节的习俗，如苗族，在这一天苗族姑娘会穿着盛装，来到一个固定的地方展示她们的美丽。

此外，一些少数民族在三月三这一天，还有一些特殊的习俗。如畲族，每家每户都做乌米饭，欢度"乌饭节"；侗族举行抢花炮、对歌、踩堂、斗牛、斗马等活动，亦称"花炮节"；布依族，杀猪祭社神、山神，吃黄糯米饭，各寨三四天内不相往来；瑶族以三月三为"干巴节"，是集体渔猎的节日，并将捕获的野物鱼类按户分配；等等。

【谷雨民俗及民间宜忌】

谷雨时节有很多古老的习俗，至今依然有很多地方传承着这些习俗，如祭海、食香椿、摘茶等，我们也希望这些古代习俗能够更好地流传下去。

（一）祭海

我国北方沿海一带渔民，过谷雨节已经有2000多年的历史了，清朝道光年间易名为渔民节。谷雨时节正是春海水暖之时，百鱼行至浅海地带，是下海捕鱼的好日子，渔民便会在这一天，祈求海神保佑，出海平安，鱼虾丰收。所以，谷雨节又叫作渔民出海捕鱼的"壮行节"。时至今日，胶东荣成一带仍然流行过谷雨节。

过去，渔家由渔行统一管理，海祭活动通常由渔行组织，祭品为去毛烙皮的肥猪一头，用腔血抹红，白面大饽饽10个，还要准备鞭炮、香纸等。渔民合伙组织的海祭没有整猪，就用猪头或蒸制的猪形饽饽代替。

旧时村村有海神庙或娘娘庙，祭祀时刻一到，渔民便抬上供品到海神庙、娘娘庙前摆供祭祀，有的将供品抬到海边，敲锣打鼓，燃放鞭炮，面海祭祀。

（二）禁杀五毒

谷雨过后，气温升高，病虫害进入高繁衍期，为了杀灭病虫害，农家一边到田间灭虫，一边张贴谷雨帖，进行驱凶纳吉的祈祷。

谷雨帖是一种年画，上面绘有天师除五毒、神鸡捉蝎的形象或道教神符。有的还会有文字，如："太上老君如律令，谷雨三月中，蛇蝎永不生。""谷雨三月中，老君下天空，手持七星剑，单斩蝎子精。"

这一习俗在山东、山西、陕西一带十分流行，反映了人们驱除害虫及渴望丰收平安的心情。

（三）祭仓颉

陕西白水县会在谷雨这一天祭祀文祖仓颉，"谷雨祭仓颉"，是自汉代以来流传千年的民间传统。

传说中，仓颉创造文字，功盖天地，玉帝为之感动，以"天降谷子雨"作为他造字的酬劳，从此人间便有了谷雨节。从那以后，每年谷雨节，附近村民都要组织去庙会纪念仓颉。

（四）食香椿

在北方会在谷雨时节食用香椿。谷雨前后是香椿上市的时节，此时的香椿醇香爽口，营养价值高，有"雨前香椿嫩如丝"

之说。香椿具有健胃、理气、抗菌、消炎、杀虫的作用。

（五）走谷雨

古时有"走谷雨"的风俗，即在谷雨这一天，青年妇女走村串亲，有的到野外走一圈就回来。

（六）摘茶

南方会在谷雨时节摘茶，传说谷雨这天的茶喝了会清火、辟邪、明目等。所以，谷雨这天不管是什么天气，人们都会去摘一些新茶回来喝。

（七）赏牡丹

谷雨前后是牡丹花开的时期，所以，牡丹花又称为谷雨花，赏牡丹就成为人们闲暇重要的娱乐活动。现在山东菏泽、河南洛阳、四川彭州还会在谷雨时节举行牡丹花会，供人们游乐。

（八）"桃花水"洗浴

谷雨时节的河水非常珍贵。在西北地区，旧时，人们将谷雨的河水称为"桃花水"，传说用它洗浴，可消灾避祸。

（九）禁蝎咒符

旧时，山西临汾一带，会在谷雨这一天，画张天师符贴在门上，名曰"禁蝎"。陕西凤翔一带的禁蝎咒符，用木刻印制，其上印有："谷雨三月中，蝎子逞威风。神鸡叼一嘴，毒虫化为水……"画面中央有一只雄鸡在衔虫,爪下还有一只大蝎子,画上还印有咒符。

除了了解谷雨的习俗外,对谷雨的一些民间禁忌,也应该有所了解。我国壮族地区,在谷雨这一天,忌讳在野外放火。据说,谷雨正是下雨的好时节,如在野外放火,会激怒雷神,导致人间一年都少雨,连续干旱,从而影响农业生产。

从全国大范围来说,谷雨最为普通的禁忌是"禁蝎"。蝎子毒性很强,被称为"五毒"之一,是被驱禁的对象。在山西临沂,人们把灰酒洒在墙上,叫"禁蝎";陕西铜川、米脂会在墙上贴压蝎符,被认为可以除蝎。

此外,谷雨不下雨,被认为是荒年之兆,民间忌之。湖南醴陵,谷雨日忌动土,要休耕一天,有谚语曰"牛歇谷雨人歇灶"。

【饮食起居宜忌】

谷雨节气的到来意味着寒潮天气基本结束,天气升温快,雨量增多,在这个时节,人们在饮食起居方面应注意以下几点:

(一)多吃补脾益气的食物

补脾益气的食物首选谷类,如糯米、燕麦、黑米、高粱,其次还可以吃一些蔬果与鱼肉类食物,如南瓜、扁豆、红枣、桂圆、刀豆、鲫鱼、花鲤、鲈鱼、草鱼、黄鳝、牛肉等。

（二）早出晚归者注意增减衣服

谷雨后，空气湿度逐渐加大，早出晚归者要注意增减衣服，切不可大汗后吹风，避免受寒感冒。

（三）过敏体质之人注意防过敏

过敏体质的人应防花粉症及过敏性鼻炎、哮喘等，为了减少与过敏原接触，应适当减少户外活动，并减少高蛋白质、高热量食物的摄入。

（四）选择动作柔和的锻炼方式

运动不宜剧烈，应选择较为柔和的运动方式，如瑜伽、太极拳，避免因剧烈运动导致血压升高。

【健康食谱】

古书上有记载，谷雨养生有着事半功倍的效果。那么谷雨养生吃什么好呢？

兔肝鸡蛋汤

配料：

兔肝1—2个，鸡蛋1—2个，盐、生粉、姜、酱油等调味品适量。

做法：

第一步，将兔肝切片，用生粉、盐、姜、酱油腌一下。

第二步，锅内水烧开后放入腌好的兔肝，再打入鸡蛋搅匀，煮开几分钟，加入适量调味品即可食用。

功效：

养肝明目，清肝止痛。

山药内金鳝鱼汤

配料：

黄鳝250克，鸡内金10克，淮山药10克，生姜4片，黄酒、精盐、味精各适量。

做法：

第一步，活杀黄鳝，洗净去内脏，切段，开水去血腥黏液。鸡内金、淮山药洗净。

第二步，起油锅，用姜炒鳝肉，加黄酒少许，再加适量清水，转入砂锅后加鸡内金、淮山药和生姜；先用大火煮沸，再用小火煮1小时，加精盐、味精后再煮沸即可食用。

功效：

健脾消食，调和肝脾。

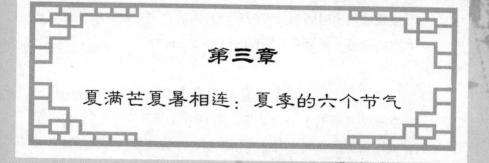

第三章

夏满芒夏暑相连：夏季的六个节气

第一节
立夏：战国末年确立的节气

立夏的阳历时间为每年的5月5日前后，"立夏"的"夏"是"大"的意思，是指春天播种的植物已经长大了。

【立夏的由来】

立夏是夏季的第一个节气，是农历二十四节气中的第7个节气，太阳到达黄经45°时，斗指东南，维为立夏，万物至此皆长大，故曰立夏也。人们习惯上把立夏当作是温度明显升高，酷暑即将来临，雷雨增多，农作物进入旺季生长的一个重要节气。

立夏分为三候："初候蝼蝈鸣，二候蚯蚓出，三候王瓜生。"意思是说，到了立夏节气，蛙类的动物开始在田间、河塘鸣叫觅食了，蛙既可食用水中的小生物，又可在稻禾下乘凉，时不时地捕捉吞食飞行在田间的昆虫，吃饱后欢快地鸣叫；田间湿润的土地上会有蚯蚓爬过，它们从地下爬到地面上来，呼吸新鲜空气；野草中已经能看到野生的王瓜长大成熟，可以采摘了。如果说春天是万物生长的季节，那么，夏天就是万物长大的季节，自然界中的动植物都进入了旺盛的生长期。

【气候特点与农事】

立夏的到来，标志着初夏的开始，此时各地的气温各不相同，按气候学来说以5天平均气温高于22℃为夏季的标准。进入立夏后，华北、西北等地气温回升很快，但降水仍然不多，而江南则正式进入了雨季，雨量和雨日都明显增多，那么，在此时农事有怎样的安排与活动呢？

（一）华北、西北地区的农事安排与活动

华北、西北地区的农事安排与活动主要有两项：

1. 做好抗旱防灾工作

立夏前后，通常华北、西北地区的气候呈现出雨少风多的特点，蒸发强烈，大气干燥和土壤干旱会严重影响农作物的正常生长，特别是小麦灌浆乳熟前后的干热风更是导致庄稼歉收的重要灾害性天气，此时要适时灌水，做好抗旱防灾工作。

2. 及时锄草

民谚云："立夏三天遍地锄。"立夏时节，是杂草生长最快的时期，故有"一天不锄草，三天锄不了"之说，中耕锄草不仅能除去杂草，还能提高地温，加速土壤养分分解，促进棉花、玉米、高粱、花生等作物的生长。

（二）江南地区的农事安排与活动

江南地区的农事安排与活动主要有三项：

1. 预防病害的流行

立夏之后，江南进入了雨季，连绵的阴雨不仅导致农作物的湿害，还能引发多种病害的流行。如棉花在阴雨的气候条件下，容易引起炭疽病、立枯病等病害的暴发，造成大面积的死苗、缺苗，应及时采取增温降湿措施，并配合药剂进行防治；小麦抽穗扬花是最容易感染赤霉病的时期，如天气温暖且多阴雨，要及时在始花期到盛花期喷药防治。

2. 做好早稻插秧工作

民谚云："多插立夏秧，谷子收满仓。"此时是江南早稻插秧的季节，因这个时候气温仍然较低，栽秧后要加强管理，早耘田，早追肥，早治病虫，促进早发。此外，中稻播种要抓紧扫尾。

3. 及时采摘茶叶

夏后，茶树春梢发育最快，若不及时采摘，茶叶很快就会老化，故有民谚云："谷雨很少摘，立夏摘不辍。"

另外，立夏节气后，冰雹灾害天气逐渐增多，应加强田间管理，做好防冰雹灾害的工作。

【农历节日】

每年的农历四月初八，是中国佛教徒纪念释迦牟尼诞辰的一个重要节日，又名佛诞节、浴佛节，是佛教最为盛大的节日之一。在这一天，僧尼皆香花灯烛，将铜佛放在水中，进行浴佛；普罗大众则争舍钱财、放生、求子，祈求佛祖保佑，各地佛寺举行佛诞进香。

浴佛节始于东汉时期，当时仅限于寺院举行，到魏晋南北朝时流传到民间。浴佛时间在史籍中有不同记载。蒙古族、藏族地区以四月十五为佛诞日，故在这天举行浴佛仪式。汉族地区佛教在北朝时多在农历四月初八举行，后不断变更，北方改在农历十二月初八举行，南方则仍为农历四月初八举行，相沿至今。接下来，就让我们来了解一下有关浴佛节有哪些习俗。

（一）结缘

结缘是用施舍的形式，祈求缔结来世之缘，那么，什么是"舍豆结缘"？佛祖认为人与人之间的相识是前世就已结下的缘分，又因黄豆是圆的，圆与缘谐音就以圆结缘。民间有舍豆结缘，寺院、宫廷也不例外。在这一天，宫中要煮青豆，分赐给宫女内监及内廷大臣，称作"吃缘豆"。

（二）斋会

斋会，又名吃斋会、善会。由寺庙僧人召集，请善男信女在农历四月初八赴会，念佛经、吃斋。因与会者要吃饭，须交"会印钱"，饭菜有面条、蔬菜和酒等。此外，还有一种乌饭，即用乌菜水泡米，蒸出后为乌米饭，这本是敬佛供品，后来演化为浴佛节的饮食。在浴佛节期间，人们还要讨浴佛水，认为这样就能得到佛祖的庇护。

（三）求子

在浴佛节期间，人们还会向观音求子。山东聊城有观音庙，神案前摆放着很多小泥娃，均是清一色的男孩，形态各异，或坐，或爬，或舞。在四月初八这一天，一些不孕的妇女就会去拜观音和送生娘娘，讨一个泥娃娃，然后用红线绳套住脖子，号称拴娃娃，更有甚者，会用水服下，以此来怀孕生子。

在山东泰山，除供碧霞元君外，还盛行押子，即在树上押一石，拴上红线，以求吉利得子。

（四）放生

佛教主张不杀生，故在浴佛节有放生的习俗。据史料记载，放生最早始于宋代，古代有承美放生传说，民间有玳瑁放生等，放生习俗一直流传至今。

（五）行像

在佛寺，行像是浴佛节最热闹的一项活动。行像就是在城市的街道上用装饰华美的车载着佛像，以歌舞伎乐为行像的前导巡行，是一种类似游行的盛大庆祝活动。

（六）煎五色香水浴佛

寺院会在浴佛节这一天煎五色香水浴佛——水郁金香为赤色，水秋隆香为白色，水安息香为黑色，都梁香为青色，水附子香为黄色。灌顶是为表达灌持佛念。

（七）佛前供花

散花是奉佛时的"四供养"之一，佛教的悬绘、燃灯、散花、烧香其实是古人"生活四艺"之源。悬绘即挂画，燃灯即点茶，散花为插花，而烧香则为燃香。

佛教插花很有讲究。第一，所有花材不能带刺，比如玫瑰、月季是不可以的；第二，名称不雅、不入品的花材不能选；第三，花色不好、色不正的不可入材；第四，花型点、线、面都要顾及，要饱满。

此外，每年农历四月初八，广东观音山观音寺庄严举行"浴佛节祈福大法会"纪念佛祖诞辰，上午浴佛仪式，下午寺院巡礼、放生。

【立夏民俗及民间宜忌】

旧俗立夏日又称"立夏节"，是天子祭祀炎帝、祝融的重要日子，所以，关于立夏民间有很多习俗。

（一）迎夏仪式

古代，人们非常重视立夏的礼俗。据史料记载，周朝时，每到立夏这一天，帝王要率文武百官到京城南郊去迎夏，举行迎夏仪式，君臣都要穿上朱色礼服，配朱色玉佩，连马匹、车旗都要朱红色的，以表达对丰收的期盼。

礼毕后，还要令主管田野山林的官吏代表天子巡行天地平原，慰劳那些辛勤劳作的人，鼓励他们抓紧耕作，不要误了农时。另外，皇帝还要在农官献上新麦时，献猪到宗庙，举行尝新麦的礼仪。

在民间，立夏之日，人们会用新收获的果实来供神祭祖，表示有了新收获，首先想到要告诉神灵与祖先，并献给他们享用。

因立夏时节，天气变化无常，有时会出现冰雹，所以，古时农人立夏日会在郊野祭雹神，祈求消除雹灾，获得丰收。

（二）称人

在立夏这一天，我国南方流行"称人"的习俗。该习俗起源于三国时期，传说刘备死后，诸葛亮把阿斗交赵子龙送往江东，并拜托其已回娘家的后妈吴国孙夫人抚养。那一天正好是立夏，孙夫人当着赵子龙的面给阿斗称了体重，第二年立夏再称一次，看一看体重增加了多少，再写信向诸葛亮汇报。

立夏称人流传至今，在立夏这一天，人们吃过中午饭，就在村口或台门里挂起一杆大木秤，秤钩悬上一张凳子，大家轮流坐到凳子上面称。司秤人一面打秤花，一面讲吉利话。称小孩时说"秤花一打二十三，小官人长大会出山。七品县官勿犯难，三公九卿也好攀"；称老人时说"秤花八十七，活到九十一"；称姑娘时说"一百零五斤，员外人家找上门。勿肯勿肯偏勿肯，状元公子有缘分"。

别小看了这称人，这是有很多讲究的，如称时，秤砣不能向内移，只能向外移，也就是说，只能加重，不能减轻；称的斤数适九，报数时必须再加一斤，因九是尽头数，不吉利。在湖州，被称的孩子口袋里要放一块石头，一是增加重量，二是取石寿之意；在宁波，立夏之日，祠堂悬挂一杆大秤，秤钩挂一箩筐，大人小孩都要称，据说，这一天称了体重，就不怕炎热的夏季了，不会因天热而消瘦，不然就会有疾病缠身。

（三）立夏蛋

立夏时节最经典的食物就是立夏蛋。在立夏前一天，很多人家里就开始煮"立夏蛋"，多用茶叶末或胡桃壳煮，茶叶蛋应该趁热吃，吃时倒上好的酒，内撒些许细盐。

除了吃蛋之外，还有一种很好的玩法：将煮好的蛋，挑出整只未破的，用彩线编织成蛋套，挂在儿童胸前，或挂在帐子上。儿童还要拄立夏蛋，就是碰蛋，拄蛋以蛋壳坚而不碎为胜。

那么，为什么要在立夏这一天吃立夏蛋呢？相传，从立夏开始，天气逐渐炎热起来，很多小孩子常常感到身体乏力，食欲大减，称之为"疰夏"。女娲娘娘便告诉百姓，每年立夏的时候，小孩子的胸前挂上煮熟的鸡鸭鹅蛋，就可避免疰夏。这就是立夏节吃蛋习俗的由来。

（四）尝新活动

在立夏这一天，我国的一些地方会有尝新活动，在常熟有"九荤十三素"之说，九荤为咸蛋、螺蛳、熄鸡、腌鲜、卤虾、鲫鱼、鲚鱼、咸鱼、樱桃肉，十三素为豌豆、黄瓜、莴笋、草头、萝卜、玫瑰、松花、樱桃、梅子、麦蚕、笋、蚕豆、茅针；在苏州有"立夏见三新"之说，三新为青梅、樱桃、麦子，用以祭祖。

（五）买红花

立夏时节，在浙南各地，家家户户都会购买红花、新茶，备一年之用，因为那时新谷才刚刚种下，青黄不接，如不备好柴米，就只能高价购买。同时，蚕蛾破茧而出，抽出新丝，茶叶如不采藏，过时就会变成老叶。红花是妇女染衣时用的，产于四月，也必须及时购买。

（六）五郎八保上吴山

立夏这一天，旧时各行业工友休假，多去吴山游玩，有杭谚曰："五郎八保上吴山。"五郎是指倒马郎（出粪者）、皮匠郎、春米郎、剃头郎、打箔郎。八保是指地保、马保、相相保、酒保、面保、茶保、饭保、奶保。此外，还有十三匠上吴山，十三匠是指搭彩匠、银匠、铜匠、锯匠、篾匠、窑匠、木匠、泥水匠、石匠、铁匠、船匠、佛匠、雕花匠。

（七）立夏食俗

有人说立夏是名副其实的吃货节，此话不假。立夏的食俗有很多，除了之前提到的吃立夏蛋外，还有以下几种食俗。

1.三烧五腊九时新

立夏这一天，杭州有吃"三烧""五腊""九时新"的习俗。三烧是指烧鸡、烧酒、烧夏饼。五腊是指盐鸭蛋、海蛳、腊肉、清明狗、黄鱼。九时新是指鲥鱼、蚕豆、苋菜、黄豆笋、玫瑰花、乌饭糕、莴苣笋、樱桃、梅子。

2.吃鲥鱼

温州有立夏尝鲥鱼的习俗，据传，立夏之后，鲥鱼骨硬就不好吃了。如节前送鲥鱼给人，一般簪有香花。

3. 烧野米饭

在嘉兴有烧野米饭的习俗。通常为儿童结伙举办，各家凑柴米，从田间采摘新鲜蚕豆，在野外搭锅煮蚕豆饭。

德清农家在十二月十二蚕花生日时，会用米粉捏几只小狗，挂在通风处阴干，俗称"立夏狗"。等到立夏这一天烧野锅饭时，将米粉小狗洗净，与野锅饭一同煮食，据说儿童吃了立夏狗，体质比狗还要强健；大人在家吃立夏酒。这一天市场上有麦芽糖饼供应，也有自己动手做的。

在湖州，儿童三五成群，去村外烧野米饭。米是向各家讨来的百家米，菜肴可到任何一家田地上采摘蚕豆、豌豆，采的田地越多越好，不宜在一家采摘。人们认为吃过野锅饭，不疰夏，人也变得聪明勤快。

4. 吃立夏饭

旧时，在立夏当日，很多地方的人们都会用黑豆、青豆、绿豆、赤豆、黄豆等五色豆拌白粳米煮成"五色饭"，后来演变为卤肉煮糯米饭，菜有苋菜黄鱼羹，称吃"立夏饭"。乡俗蛋吃双，笋成对，豌豆可多可少。在桌子上摆上煮鸡蛋、全笋、带壳豌豆等特色菜肴。当然，不同地方的立夏饭也是有区别的。

浙东农村在立夏日吃"七家粥""七家茶"。"七家粥"是收集了左邻右舍各家的米，再加上各种颜色的豆子、红糖，煮成一大锅粥，然后大家一同来食用。"七家茶"则是各家带上新烘焙好的茶叶，混合后烹煮或泡成一大壶茶，大家坐在一起共饮。

在丽水，会用笋、豌豆和糯米煮成饭，称为"立夏饭"；在金华各地均吃蛋，称"立夏蛋"；庆元县在立夏日家家食香羹，称为

"立夏汤"；东阳等地吃笋；浦江、义乌吃青梅，以避免脚酸，俗称"接脚梗"；在宁波，立夏要吃"脚骨笋"，用乌笋烧煮，每根三四寸长，不剖开，吃时要拣两根一样粗细的笋一口吃下。

上海郊县农民会在立夏这一天用麦粉和糖制成寸许长的条状食物，称"麦蚕"，人们吃了可免"疰夏"。

湖北省通山县民间会在立夏日吃泡（草莓）、虾、竹笋，谓之"吃泡亮眼，吃虾大力气，吃竹笋壮脚骨"。

湖南长沙人在立夏日吃糯米粉拌鼠曲草做成的汤丸，名"立夏羹"。

闽南地区在立夏日吃虾面，即购买海虾掺在面条中煮食，海虾熟后会变红，为吉祥之色，而虾与夏谐音，用以表示对夏天的美好祝福。

闽东地区立夏吃"光饼"，周宁、福安等地将光饼入水浸泡后制成菜肴，蕉城、福鼎等地则将光饼剖成两半，将炒熟了的肉、糟菜、豆芽、韭菜等夹在饼中食用。

周宁县纯池镇一些乡村会吃"立夏糊"，主要有两类：一类是米糊，一类是地瓜粉糊。立夏糊用大锅熬制，里面有肉、鸡鸭下水、豆腐、小笋、野菜等，熬熟后，还会邀请邻里一起来喝。

5. 醉夏

在台州，立夏的时候会采苎麻嫩叶煮烂捣浆，拌上麦面粉做成薄饼，摊成麦煎，裹荤素肉菹吃。这天不会喝酒的人也要喝一点，以尽醉才歇，称为"醉夏"。老年人还会吃鸡粥，以补身体。还有的会吃青梅、鸡蛋、桂圆。吃了桂圆，相传可长年眼目清明，吃了梅子夏季不腰酸，吃了鸡蛋可健脚骨。玉环的闽南籍人则以鸡蛋和猪肉加红糖老酒蒸吃，作为立夏进补。

6. 吃补食

建德人一般会在立夏日吃红枣烧鸡蛋和黄芪炖鸡，滋补身体，准备投入到农业生产中去。也有吃五虎丹的习俗，"五虎"即桂圆、荔枝、红枣、黑枣、胡桃。还有吃"三两半"的，即党参、黄芪、当归各一两，牛膝半两。

立夏的习俗是不是很多呀？除此之外，民间还有两大禁忌：

一是忌坐门槛，据说这天坐门槛，夏天里会疲倦多病。如坐了门槛，则要坐7根，始可百病消散。

二是厌祟避蛇，云南有厌祟避蛇之说。值四月而言避蛇，与十二生肖巳属蛇有关联，地支纪月，三月为辰，四月为巳。立夏厌祟，门上插皂荚树枝和红花，含有黑（水）、红（火）既济之义。

【饮食起居宜忌】

立夏的到来，标志着炎热的夏天即将来临，那么，在此时人们的饮食起居应该做出怎样的调整呢？

（一）饮食上以增酸为主

立夏之后，大量排汗会造成人体阳气不足，此时应多食用酸性的食物，如乌梅、山楂、木瓜、五味子等，可使皮肤适当收缩。

（二）多吃易消化、富含维生素的食物

随着温度逐渐攀升，人们难免会觉得烦躁上火，食欲也有所

下降。所以，饮食宜清淡，应以易消化、富含维生素的食物为主，少吃大鱼大肉、辛辣食物，以免引起上火。

（三）从冰箱内取出的食品不要着急吃

随着天气转热，人们爱吃刚从冰箱中取出来的食品，特别是肠胃功能较弱的儿童，在吃后最易发生剧烈腹痛，严重的还会出现恶心、呕吐，因此，切勿急着吃从冰箱里取出来的食品。

（四）重视午休

夏天，心阳最为旺盛，功能最强，当气温升高后，人们好发脾气，这是气温过高导致的紧张心理、心火过旺。此时，人们不仅情绪波动起伏，肌体的免疫功能也较为低下，因此，立夏之后，不妨来个午休。

【健康食谱】

立夏标志着夏天的到来，人们的饮食也应该顺应天时，与春季的饮食有所变化，那么，立夏适合吃什么呢？

枸杞肉丝

配料：

枸杞子50克，瘦猪肉400克，熟青笋100克，料酒、酱油、猪油、麻油、白砂糖、味精、精盐各适量。

做法：

第一步，将枸杞子清洗干净待用。猪肉去除筋膜，切成丝。

熟青笋切成同样长的细丝。

第二步，将炒锅烧热，放入猪油，将肉丝、笋丝同时下锅，烹入料酒，加入白砂糖、酱油、味精、精盐搅拌均匀。再放入枸杞颠炒几下，淋上麻油拌匀，起锅即成。

功效：

补血滋阴，抗老益寿。

玄参炖猪肝

配料：

玄参15克，鲜猪肝500克，菜油、酱油、白砂糖、料酒、湿淀粉、生姜、细葱适量。

做法：

第一步，将猪肝洗干净，与玄参同时放入锅内，加水适量，炖煮约1小时后，捞出猪肝，切成小片备用。

第二步，将炒锅内放入菜油，投入洗净切碎了的姜、葱，稍炒一下，再放入猪肝片中，将酱油、白砂糖、料酒混合，兑加原汤适量，以湿淀粉收取透明汤汁，倒入猪肝片中，搅拌均匀即成。

功效：

滋阴，养血，明目。

第二节

小满：小满不满，小得盈满

小满的阳历时间为每年5月21日或22日。小满的"满"有两种含义，其一为形容农作物的饱满程度，其二为形容雨水盈缺的情况。

【小满的由来】

小满是二十四节气之一，夏季的第二个节气，太阳到达黄经60°时，《月令七十二候集解》："四月中，小满者，物致于此小得盈满。"此时，我国北方地区的夏熟作物籽粒逐渐饱满，但还没有成熟，约相当于熟后期，所以叫小满。南方一些地区有农谚云"小满不满，芒种不管""小满不满，干断田坎"，用"满"来形容雨水的盈缺，指出小满时如果田里不蓄水，就可能造成田坎干裂，导致芒种时无法插秧。

小满有三候：一候苦菜秀，二候靡草死，三候麦秋至。

一候苦菜秀，小满时节，麦子虽然即将成熟，但尚处于青黄不接的阶段，在过去，百姓常在这个时候用野菜充饥。

二候靡草死，据古籍著述，所谓靡草应该是一种喜阴的植物。小满节气，我国各地开始步入夏天，而靡草死正是小满节气阳气日盛的标志。

三候麦秋至，麦秋的"秋"字，指的是百俗成熟之时，此时虽然还是夏季，但对小麦来说，已经到了成熟的"秋"，故称之为麦秋至。

关于小满时节的由来，民间有一个动人的传说。

相传，小满原是一个人，有一天放学回家过一条大水沟时，看到河沟里死了一个姑娘。姑娘衣衫不整，好心的小满用自己的蓝布衫遮住了尸体。

小满吃过午饭就去学堂读书，家里就剩下小满的妈妈一个人在家织布。这时家门口来了一个讨饭的人，从衣着上看像个小伙子，但从相貌上看却像个姑娘。小满的妈妈关心地问："相公家住在哪里呀？为什么要讨饭呢？"讨饭的人说："我不是相公，是个姑娘，我娘给我取名三新。因父母去世，舅舅收留了我，可舅妈心眼坏，对我不是打就是骂，今早做饭不小心烧干了锅，被舅妈狠狠地打了一顿，还将我赶出家门，我没有办法，只好沿路讨饭。"

小满的妈妈心地善良，觉得这个姑娘太可怜，就让姑娘做了干女儿。晚上小满放学回来，看到家里坐着一个面熟的姑娘，可又叫不出名字，后经妈妈一介绍，他才知道这是妈妈给他收了个干妹子。

从那以后，小满就经常和三新在一起玩，他教三新写文章，三新教小满绣花，两人相处得非常好，大家都说这两个孩子有夫妻相，小满的妈妈就决定让这对异姓兄妹结为夫妻。定好了结婚的日子，亲朋好友正要给这两个孩子办喜事时，碰上了当地一个从外地回来的官老爷，听说小满媳妇长得俊俏，就起了歹心，传下话来，说是当朝皇上让他选美回乡，硬要把三新抢走。这天小满上街办事，回到家时，三新已经被抢走。

小满的妈妈被气死了，小满的媳妇也被抢走了。小满葬了母亲之后，又去打听三新的下落。得知三新关在官家的花园绣楼上，小满便趁着夜色爬树翻进了官家花园，又找来一根木头搭在墙头才上了绣楼。小满进了绣楼，见到三新，三新对他道出了自己的身世。

原来，三新是天上谷神的三女儿，因想给人间送些五谷种子，被一位天神告发。玉帝一气之下，剥去了她的衣服，将她打入凡间，想让人间的冷气冻死她。没想到正好遇见小满，给她盖上了蓝大褂儿。她苏醒后扮作讨饭的找到小满家。

小满听完三新的话，决定救三新出去，并发誓倘若失败，就同生同死。三新含着泪说："何必这么傻呢？我给你三样东西，包在这包包里，你只要把它带回去，日后大家的日子就都好过了。"

说完，三新从包里取出一个白亮亮的圆蛋说："这是天宫的蚕茧，过些时候就会爬出蚕蛾，蚕蛾生蛋，蛋儿变子。吃了桑叶，吐出真丝，有了真丝，就不愁没有绸子穿。"又拿出一个圆骨朵的东西说："这叫大蒜，当年八月种植，过年麦熟时收益，它能当菜吃，又能治病。"最后又抓起一把种子说："这是大麦，今秋种明夏收，它比小麦熟得早，能给穷苦人接荒。"说完，她苦求小满赶紧离开，以免二人都被害死。

第二天，官老爷家里就传来了哭声，原来三新姑娘趁机杀了狗官。小满按照三新的吩咐，把三样种子传给了乡亲们。第二年，人们种的三种植物收获时正好是这个节令，就把此节令叫作

"小满节"，小满节收获的三种作物，被叫作"三新"。

【气候特点与农事】

小满时节，气候开始变暖，温度逐步升高，我国南方地区进入了"小满大满江河满"时期，降雨多，雨量大，而黄河中下游地区正是干热风的盛行之际。此时，农事活动也即将进入大忙季节，夏收作物已成熟，或接近成熟；春播作物生长旺盛；秋收作物即将播种，具体的农事安排与活动主要有以下几个方面：

（一）北方地区应做好春播作物的田间管理

小满时节，北方地区的春播工作已基本结束，此时应做好春播作物的田间管理，利用降雨的时机，及时查苗、补种，力争苗全、苗壮；同时注意防御大风和强降温天气对农作物幼苗的危害。此外，还应抓紧麦田虫害的防治。

（二）冬小麦要做好防旱和"干热风"的工作

在这个时候，北方的冬小麦已经进入产量形成的重要时期，应加强肥水管理，避免根、叶早衰，促进冬小麦充分灌浆，墒情偏差的地区要适时灌溉。并做好防御高温、干旱和"干热风"天气的工作，对可能出现大雨、大风的地区，不要在天气恶劣条件下浇水，以减少小麦倒伏。

（三）抓紧时间收晒成熟的农作物

小满时节，南方夏收粮油作物产区要抓紧晴天进行夏熟作物的收打和晾晒，避免不利天气造成的损失。

（四）早稻移栽后应适时施肥、灌溉

江南、华南地区在早稻移栽后，应适当浅水灌溉，适时施肥，促进早稻早生快发和多分蘖；对够苗的田地要及时排水晒田，控制无效分蘖，并注意做好稻田病虫害的防治工作。

（五）加强大棚作物、露地作物的培育管理

此时，应继续加强大棚作物培育管理，注意通风换气，尤其是雨过天晴，应及时揭膜，以降低棚内的温度与湿度，并加强病虫防治。而露地的蔬菜瓜果应及时追肥，中耕除草，防病治虫。

（六）加强果树的病虫害防治工作

杨梅要抓好保果治虫的工作，适时疏果，其标准为每6条结果枝中留3条结果枝，3条疏去，留下的3条结果枝，每枝留2个果实。

柑橘同样需要做好保花保果和病虫害防治，特别是树脂病、疮痂病及红蜘蛛、蚜、卷叶蛾等病虫害。此外，还要注意排水，防止涝害。

（七）畜牧农事工作的重点

养兔的农户如生产需要，小满前后还可配一胎，可以保证仔兔安全度夏。兔舍要保持干燥环境，并搞好兔舍清洁卫生。

【小满民俗及民间宜忌】

小满是反映农业物候的节气，所以，很多民风习俗也多与农业生产有关。那么，小满时节有哪些节日民俗呢？

（一）祭车神

祭车神是一些农村地区古老的小满习俗。相传水车神是一条白龙，在小满这一天，人们会在水车上放香烛、赞鱼肉等物品，来祭拜水车神。最有意思的是，在祭品中有一杯白水，祭拜时，要将白水泼洒在田间，寓意水源涌旺的意思。

在江南一带有"小满动三车"的说法，三车指的是水车、油车和丝车。小满时节，蚕茧结成，正等待采摘续丝，蚕妇煮蚕茧开动丝车抽丝，取菜籽到油车房磨油，天旱则用水车拜水入田，这就是俗称的"小满动三车"。

（二）看麦梢黄

在关中地区，每年麦子快成熟的时候，出嫁的女儿都要回娘家探望，问候夏收的准备情况，这一风俗称之为"看麦梢黄"。有农谚云："麦梢黄，女看娘；卸了拨枷，娘看冤家。"有的地方，把它定为一个节日，叫"看忙罢"。届时，女儿、女婿携带上礼品，即油旋馍、猪肉、黄杏、蒜薹、油糕、绿豆糕等食品或蔬果，去丈人家慰问，并受其热情款待。

（三）祭蚕神

相传小满为蚕神诞辰，所以，江浙一带在小满期间会有一个祈蚕节。因蚕难养，古代把蚕视作"天物"，为了祈求"天物"的宽恕，使养蚕有个好收成，人们在放蚕时节举行祈蚕节。

所以，祈蚕节没有固定的日期，只根据各家放蚕的时间来定，哪一天放蚕就哪一天举行祈蚕节，前后不会相差两三天。养蚕人家会到"蚕神庙""蚕娘庙"供奉上水果、佳肴、美酒，进行跪拜，最重要的是，要把用面制成的"面茧"放在用稻草扎成的稻草山上，用来祈求蚕茧丰收。

据相关记载，清道光七年（1863年），江南盛泽丝业公所兴建了先蚕祠，祠内专门筑了戏楼，楼侧设厢楼，台下石板广场可容万人。小满前后三天，丝业公所会出钱宴请戏班唱大戏，不过，演什么戏也是有不成文规定的，不能上演带有私生子和死人情节的戏文，因为"私"和"死"都是"丝"的谐音。

（四）绕三灵

"绕三灵"是云南大理等地白族的传统节日，这个节日既是水稻农事之前的歌舞活动，也是祈祷丰收的祷告仪式，这个节日历时3天，每天的活动也是不一样的。

第一天，身着节日盛装的人们以村子为单位，排成长蛇阵，聚集在苍山五台峰下喜州圣源寺附近进行绕"佛"活动；第二天人们到喜州庆洞绕"神"；第三天人们沿着洱海到大理三塔附近的马久邑绕"仙"。

在这3天里，人们晓行夜宿，边歌边舞，非常热闹，每到一个地方，有的用唢呐、锣鼓伴奏，边唱边走；有的用手搭着花肩，唱民族歌曲，还有的手拿金钱鼓或翎王鞭，吹起木叶。

（五）夏忙会

有些地方会举办夏忙会，主要是为了交流和购买生产工具、集杂粮食、买卖牧畜等，会期一般3—5天，届时还会唱大戏，用来助兴。

（六）食苦菜

苦菜是我国人们最早食用的野菜之一，旧时每年青黄不接时，农民都要吃苦菜来充饥。

宁夏人常常把苦菜烫熟，冷淘凉拌，再调上盐、醋、辣油或蒜泥，就着馒头、米饭食用。也有用黄米汤将苦菜腌成黄色，吃起来脆嫩爽口，还有的人将苦菜用开水烫熟，挤出苦汁，用来做汤、煮面、热炒、做馅等。

（七）抢水

浙江海宁一带流传抢水习俗，由年长执事者召集各家各户，在确定好的日期的黎明点燃火把，在水车基上吃麦团、麦糕、麦饼，待执事者用鼓锣为号，众人以击器相和，踏上在小河岸上事先装好的水车，多辆水车一齐踏动，把河水引到田中，直到河水干涸为止。

（八）卖新丝

小满时节蚕丝等都线制完毕，蚕农将蚕丝背到城里，卖给收丝的客商。吴地通常在每年农历四月开始买卖蚕丝的集市，到晚市建立后才散，称为卖新丝。

了解完小满的习俗，我们再来了解一下小满的民间禁忌，在民间忌讳小满日是甲子日或庚辰日。人们认为，如小满遇上甲子或庚辰，秋收时就会闹蝗灾，使粮食减产。旧时皇历上记载："小满甲子庚辰日，定是蜂虫损禾稻。"

【饮食起居宜忌】

小满节气过后，气温明显增高，天气一天天炎热起来，人们明显感觉到夏季的到来。进入初夏以后，人们在饮食起居方面应该注意什么呢？

（一）当心感冒来袭

小满节气气温明显增高，雨量增多，在南方地区，早晚有一定的温差，若不及时增加衣服，很容易因受凉风而感冒。

（二）祛湿防皮肤病

小满节气，气温明显增高，如贪凉卧睡很容易引发风湿症、湿性皮肤病等疾病。人们应该加强防治，饮食应当清淡，常吃具有清利湿热作用的食物，如薏苡仁、山药、鲫鱼、草鱼、绿豆、赤小豆、鸭肉等。

（三）忌心烦意躁

小满时风火相煽，使人们常常感到心烦意躁，此时要调适心情，以防情绪剧烈波动后引发心脑血管疾病。

（四）适当吃苦菜

此时正是苦菜最鲜嫩的时候，苦菜含有蛋白质、碳水化合物以及多种无机盐、维生素等营养成分，可清热、凉血、解毒，非常适合在此季节食用。建议大家在吃前一定要先用开水焯烫，这样可以除去草酸，有利于钙的吸收。

【健康食谱】

小满过后，天气变得闷热潮湿，此时养生注意健脾化湿，下面为你介绍几款适合此节气的食谱。

白鲫滚荷包蛋

配料：

白鲫鱼500克，鸡蛋3个，生姜3片，食盐、胡椒粉适量。

做法：

第一步，白鲫鱼宰洗净，慢火煎至微黄，溅入少许清水，铲起。

第二步，鸡蛋煎为荷包蛋状，铲起。

第三步，起油镬爆香姜片，加入清水1250毫升（5碗量），武火滚沸，下白鲫鱼滚片刻，下荷包蛋，滚沸后撒入适量食盐、胡椒粉便可。

功效：

祛湿开胃。

芹菜拌豆腐

配料：

芹菜150克，豆腐1块，食盐、味精、香油少许。

做法：

第一步，芹菜切成小段，豆腐切成小方丁，均用开水焯一下，捞出后用凉开水冷却，控尽水待用。

第二步，将芹菜和豆腐搅拌，加入食盐、味精、香油拌搅匀即成。

功效：

平肝清热、利湿解毒。

第三节
芒种：东风燃尽三千顷，折鹭飞来无处停

芒种的阳历时间为每年的6月5日左右，芒种的"芒"字，是指麦类等有芒植物的收获；芒种的"种"字，是指谷黍类作物播种的节令。

【 芒种的由来 】

芒种，是农历二十四节气中的第9个节气，标志着仲夏时节的开始，此时太阳到达黄经75°。《月令七十二候集解》："五月节，谓有芒之种谷可稼种矣。"这句话的意思是说，在这个时节，小麦、大麦等有芒的作物种子已经成熟，要抓紧时间抢收，而晚谷、黍、稷等夏播作物也正是播种最忙的季节，所以称之为"芒种"，由此可见，芒种是一个反映农业物候现象的节气。

农民常说"三夏"大忙季节，所谓的三夏是指忙着夏收、夏种和春播作物的夏管，加之"芒种"二字谐音，表明一切作物都在"忙种"了，故芒种又称为"忙种""忙着种"，是农民最为繁忙的一段时间。

在我国古代，将芒种分为三候："一候螳螂生；二候鵙始

鸣；三候反舌无声。"意思是说，在芒种这个时令，螳螂在去年秋天产下的卵因感受到了阴气初生而破壳生出小螳螂；喜阴的伯劳鸟开始出现在枝头，感阴而鸣；与此相反，能够学习其他鸟鸣叫的反舌鸟，却因感应到了阴气而停止了鸣叫。

【气候特点与农事】

芒种时节，沿江多雨，黄淮平原即将进入雨季。此时正是华南东南一年中降水最多的一段时期，长江中下游地区进入梅雨季节，下雨的日子明显增多，且雨量较大，日照少，有的年份还会伴有低温。西南地区也开始进入一年中的多雨季节，西南西部的高原地区冰雹天气开始增多。那么，此时的农事安排与活动有哪些呢？

（一）东北地区的农事安排与活动

芒种时节，东北的稻秧已经插完，对谷子、高粱、玉米、棉花进行定苗，大豆、甘薯完成第一次铲糠，谷子、高粱、玉米两次铲糠。棉花打叶，水稻锄草，准备追肥，并做好防治病虫害、防雹工作。

（二）西北地区的农事安排与活动

西北地区要做好冬小麦的防治病虫害的工作，春玉米要适时浇水、中耕、锄草、追肥。谷子中耕锄草、间苗，糜子进行播种、查苗、补苗。

（三）华北地区的农事安排与活动

在芒种时节，华北地区的麦田开始收割，同时要抓紧夏收夏种的工作，加强棉田管理，如治蚜、浇水、追肥等。

（四）华中地区的农事安排与活动

此时，华中地区正是抢晴收麦、选留麦种的时候，要做好抢种夏玉米、夏高粱、夏大豆、芝麻等工作。中稻要及时追肥，发棵末期结合耘耥排水烤田，并加强单季晚稻管理。

（五）西南地区的农事安排与活动

在这个季节，西南地区应抢种春作物，及时移栽水稻，抢晴收获夏熟作物，随收、随耕、随种。

（六）西北部地区的农事安排与活动

西北部地区，麦茬稻、江淮之间单季晚稻开始栽插，双季晚稻育秧，同时做好防治稻田病虫害工作。

（七）华南地区的农事安排与活动

在华南地区，早稻应适时追肥，中稻耘田追肥，晚稻播种，早玉米收获，早黄豆收获，晚黄豆播种。春、冬植蔗，宿根蔗中耕追肥，防治蚜虫。

【农历节日】

端午节，为每年农历五月初五，又名"端阳节""午日节""五月节""龙舟节""浴兰节"，与春节、清明节、中秋节并称为中国民间的四大传统节日。关于端午节的由来与传说有很多，这里仅介绍以下4种。

传说一：纪念屈原

公元前278年，秦军攻破楚国京都，屈原看到自己的祖国被侵略，十分痛心，心如刀绞，但始终不忍舍弃祖国，便于五月初五，在写下了绝笔作《怀沙》之后，抱石投汨罗江身死。

传说，屈原死后，楚国百姓十分悲伤，纷纷涌到汨罗江边去凭吊屈原。渔夫们划起船只，在江上打捞他的尸身，有一位渔夫还拿出为屈原准备的饭团、鸡蛋等食物，投入江中，意思是说，让鱼龙虾蟹都吃饱了，就不会去啃食屈大夫的身体了。

人们见后纷纷仿效，有一位老医师拿来一坛雄黄酒，倒进江里，说这样可以药晕蛟龙水兽，防止他们伤害屈大夫。后来人们怕饭团被蛟龙吃掉，就想出用楝树叶包饭，外缠彩丝，发展成粽子。

从此以后，每年的五月初五，就有了赛龙舟、吃粽子、喝雄黄酒的风俗，以此来纪念爱国诗人屈原。

传说二：纪念伍子胥

纪念伍子胥的传来在江浙一带流传甚广。伍子胥是楚国人，他的父亲、兄弟都被楚王所杀，后来，他逃往了吴国，并助吴伐楚，五战而入楚都郢城。当时楚平王已死，伍子胥掘墓鞭尸三百，以此来报仇。

吴王阖闾死后，夫差继位，吴军士气高昂，屡战屡胜，越王勾践请和，夫差应允了。伍子胥则建议彻底消灭越国，但夫差不为所动，吴国太宰受越国贿赂，谗言陷害子胥，夫差听信谗言，赐子胥宝剑，以此死。

　　子胥视死如归，临死前对邻舍人说："我死后，请将我的眼睛挖出，悬挂在吴京的东门上，以看越国军队入城灭吴。"说完，便自刎而死。夫差得知后非常生气，令人取子胥的尸体装在皮革里，在五月初五这一天，投入大江，由此相传端午节是纪念伍子胥之日。

传说三：纪念孝女曹娥

　　曹娥是东汉上虞人，父亲不幸溺死在了江中，数日不见尸体，当时孝女曹娥仅仅14岁，不分昼夜在江边号啕痛哭，过了17天后，在五月初五也投江，5日后抱出父尸，就此传为神话。后来，县府知道了此事，令度尚为之立碑，让他的弟子邯郸淳作诔辞颂扬。

　　孝女曹娥之墓，在今浙江绍兴，后传曹娥碑为晋王义之所书。后人为纪念曹娥的孝节，在曹娥投江的地方兴建曹娥庙，她所居住的村镇改名为曹娥镇，曹娥殉父之处定名为曹娥江。

传说四：古越民族图腾祭

　　据考古证实，长江中下游广大地区，在新石器时代，有一种以几何印纹陶为特征的文化遗存。该遗存的族属是一个崇拜龙的图腾的部族，史称百越族。出土陶器上的纹饰和历史传说表明，该族人有断发文身的习俗，生活在水乡，自称龙的子孙，直到秦汉时代尚有百越人，端午节就是他们创立用于祭祖的节日。后因多数百越人已融合到汉族中去，其余部分则演变为南方许多少数民族，所以，端午节成了全中华民族的节日。

关于端午节，民间有很多习俗，有些习俗流传至今日，依然盛行，如吃粽子、赛龙舟，下面就让我们来看一看广东在端午节这一天都有哪些习俗？

（一）挂黄葛藤

挂黄葛藤是客家地区的传统习俗，在这一天，梅州的客家人会在自家门前挂起黄葛藤，这一习俗已经延续数千年了，客家人认为黄葛藤是驱邪之物。

（二）扒龙舟

深圳人将划龙船称为"扒龙舟"。相传，在南宋景炎二年（1277年），宋帝赵昺被元军前截后追，从失守的宋都临安，经福建仓皇逃至新安县九龙土瓜湾，其间正好赶上端午节，赵昺观看了当地的龙舟比赛，一时兴起，以护驾有功为名，御赐黄缎巨型罗伞给乡民。从此，扒龙舟从休闲娱乐活动演变成竞赛运动项目。

（三）浸龙舟水

广州人每到端午节时，全家都会走到江边洗龙舟水，有小孩的家庭，家长会让孩子的小手小脚都"浸一浸"龙舟水，祈求孩子身体健康，驱邪避秽。

（四）打午时水

"打午时水"是惠州人的习俗。所谓的"打午时水"，就是在端午节当天中午12时到井里打水，惠州人认为此时水最能辟邪，小孩用"午时水"洗澡后，能祛除痱子，身体健康；成年人则会带来好运。

（五）喝午时茶

在端午节当天中午，封开当地人会带上箩筐或麻袋，到野外采摘草药，用草药煮泡午时茶。当地人认为这一天采摘的草药功效最好，喝了午时茶能清热解毒、防病治病、驱除秽气。

（六）马拉溜

汕尾有一个奇特的跟粽子有关的风俗，当地的土话叫"马拉溜"，什么是"马拉溜"呢？即从五月初一、初二起，母亲在孩子脖子上挂一个碱水粽，等到端午再剥开吃掉。

（七）祭河神、抢青

赛龙舟开始前，所有队伍都会焚香点烛、放鞭炮，用一头全烧猪来拜祭河神。礼毕，参加赛龙舟的人吃烧猪，吃完才放龙舟入水，之后会有一个非常有趣的活动——"抢青"，就是把一根挂着一扎树叶的竹竿放在河中央，参赛的队伍各派出一个人去抢，这是一种求吉祥的仪式。

（八）拜龙母

端午恰逢龙母诞（农历五月初一到初八），广东省德庆龙母庙每天都有舞龙、舞狮等表演，以及龙母祈福斋宴。相传，龙母生辰诞有为龙母娘娘沐浴更衣的习俗，民间有摸龙床、赛龙舟等习俗。

（九）吃艾糍

广宁县端午节的很多习俗都与卫生密切相关，习惯将艾草、菖蒲悬在门户。有的地方还喝蒲酒，把酒洒在屋外四周，以避蛇蝎。此外，在包粽子的同时还会用艾草做糍，寓意去毒气、避瘟疫，并认为端午节始源于"夏至"，故广宁民间素有"到五月节才收棉被"的说法。

（十）吃灰水粽

灰水粽是惠州一种传统制法粽子，是由一种名叫蚊惊的植物烧成灰做成灰水制成。煮熟后的灰水粽颜色呈淡黄色，韧劲十足，清香四溢。

（十一）烧艾条

端午时点艾条是惠州的传统习俗，当地人将艾条又叫作"午时香"，按照当地习俗，以前每家每户都会在端午节当天正午时分，将艾条放在家里大门、厨房、阳台等地点燃，辟邪驱虫。艾条里包有硫黄、艾叶、香料、锯末等物。

（十二）回娘家

在农历五月初二至初四，广州旧俗有送节的习俗，年轻"新抱"（媳妇）们，用全盒六个或四个，盛上粽子、生鸡、猪肉、鸡蛋、水果、酒等回娘家向长辈贺节。姑娘和儿童们挂香包，挂包用五色丝线编织，一般均为新媳妇所送，既体现了新媳妇的贤良，又体现新媳妇的手艺，俗称"新抱手艺"。香包中装有八角、花椒、硫黄、檀香等物。

（十三）送灾难

从化人在端午节正午用烧符水洗手眼后，泼洒于道，称为"送灾难"；石城县的儿童在端午这一天会放风筝，称为"放殃"。

（十四）晒"百日姜"

潮汕人过端午节有晒"百日姜"的习俗，即将生姜洗净，用细绳串成一束，放在屋顶上，经日晒雨淋，直到八月十五中秋节才取下，刚好100天，然后煮水服下，可祛风散寒。

【芒种民俗及民间宜忌】

芒种是和农事密切相关的节气，因为此时正是农忙的季节，所以，各地的风俗习惯并不是太多。

（一）煮梅

芒种是梅子成熟的季节，在南方每到五六月，就有煮梅的习俗。梅子虽然营养价值很高，但因新鲜梅子大多酸涩，难以直接入口，所以需要加工，就是煮梅。

煮梅的方法有很多，最简单的一种方法就是糖与梅子一同煮，将青梅放到高压锅中，加水至没过一半梅子，到高压锅开响，换中火再烧10分钟即可，然后加入白糖，冷却后，将梅浆分装进各种玻璃瓶里，放入冰箱，嘴馋的时候，拿出来吃一碗，酸酸甜甜。以上只是一般的煮法，比较讲究的人还会加入紫苏或桂花卤，冰镇后再饮，味道更好。

（二）安苗

安苗是绩溪的农事习俗。据说，安苗起源于唐末宋初，清道光末年起逐渐兴盛。根据史料记载，农历六月初六是天公天母寿辰，在芒种这一天，人们在田头地头烧纸、鸣锣、插小红旗。北村、胡家、磜头、伏岭一带各村会在芒种后第一个"龙虎日"请僧侣做斋，之后撑旗打鼓，抬着太尉老爷巡游田畈，祈求五谷丰登，称之为"安苗"。

芒种前，农户们插完秧苗，五谷下种完成，每个村的族长会召集德高望重的长辈挑选出一个吉日，家家户户做包、粿来庆祝。于是，各村在最后一农户稻秧栽插完后，由族长出示"安苗帖"昭示安苗日期，所以，每个村子的安苗时间是不同的。

在安苗之日，每家每户都会用新麦面蒸发包，把面捏成瓜果蔬菜、五谷六畜等各种形状，然后用蔬菜汁染色，作为祭祀供品，祈求秋天有一个好收成。在这一天，不仅本村人可随意走亲串户品尝安苗包、粿，外村人也可进村入户品尝美食。

（三）打泥巴仗

贵州省黔东南自治州黎平县一带的侗族，在芒种前后都要举办打泥巴仗节。侗族有一个传统习惯，婚后姑娘一般先不住在男方家里，只有农忙和过节的时候，才由同伴陪同到夫家小住。此时，男方家里会把秧田整好，安排好栽秧苗的时间后，邀请一些青年来帮忙，并让新郎的姐妹去迎接新娘，回来一起插秧。同样，新娘也会邀请同伴一起来。

在节日这一天，新婚夫妇由青年男女陪伴，一起到田间插秧，一边插秧一边打闹，互相扔泥巴，活动结束后，还要进行评比，看谁的身上泥巴最多，此人就是最受欢迎的人。

插完秧苗后，小伙子们会借故朝姑娘身上丢泥巴，姑娘们也会发起反击，互不相让，如果几个人一起将对方抓住，就要将他按在水田中翻滚，让他身上沾满泥巴。

新郎的父母会站在田边观看，并不会参与到"战斗"中去。待大家玩累了，就会到河边，边清洗身上的泥巴，边打水仗。芒种就是在边劳作边嬉闹中度过的。

新娘在前一天来时，会带上一担五色糯米饭和100个煮熟的红色鸡蛋，节日过后，返回娘家时，夫家姐妹要用更多的五色饭和红鸭蛋为其送行。

（四）送花神

芒种时节送花神是一种古老的民间祭祀习俗，人们认为，芒种过后，百花就开始凋谢了，花神退位，所以，民间会在芒种这一天举行祭祀花神的活动，饯送花神归位，同时表达对花神的感激，期盼它明年再来。

（五）嫁树

在芒种这一天，河北盐山有"嫁树"的习俗，就是用刀子在枣树上划几下，寓意多结果实。

（六）挂艾草

芒种之后，天气越来越热，蚊虫增多，易传染疾病，因此，古时人们会在门楣悬艾草，以驱赶蚊虫。

（七）开犁节

浙江省云和县在芒种时节有"开犁节"的习俗，这是启动春耕的时令体现，在这里流传着这样一个故事：牛是天庭的司草官，因同情人间饥荒，便偷偷播下草籽，结果却导致野草疯长，拯救了牲畜；而农田里长满了野草，使农人无法耕田。于是，上天惩罚牛，令它下到凡间犁田，直至今天。

【饮食起居宜忌】

考虑到夏季高温多雨潮湿的自然环境，我们在饮食起居上应做好以下事项，以确保平安度夏。

（一）保持心情愉快

"暑易入心"，夏季是养心的季节，应保持心境平和，宁静畅达，尤其是老年人更要有意识地进行精神调养，以免因情绪剧烈波动而引发疾病。

（二）衣服要勤洗勤换

气温的升高会使人体排汗量增大，此时要注意加以调整，衣服要勤洗勤换，以免受凉。此外，还应常洗澡，使皮肤干爽，易于人体散热，从而达到防暑降温的目的。

（三）喝水补盐

芒种时节，气候逐渐炎热，人体排汗逐渐增多。出汗太多，会导致体内诸如钾、钠等电解质的流失，若不能及时得到补充，就会让人体感到疲劳，此时最适合饮用温热的白开水或淡盐水，以补充水分和电解质。

（四）夏季多吃"苦"

苦味的食物大都具有清热解暑、泄热养阴的作用，芒种之后适当吃一些苦味食物，如苦瓜、芥蓝、荞麦、生菜、莲子等，正所谓"苦夏食苦夏不苦"。

【健康食谱】

芒种节气的到来，意味着高温潮湿的梅雨时节的来临，此时饮食宜清补，多吃清热祛湿食物。

薏仁薄荷绿豆汤

配料：

薄荷5克，薏仁30克，绿豆60克，冰糖2大匙。

做法：

第一步，薏仁、绿豆均洗净，泡水3小时备用。

第二步，锅中倒入800毫升水，加入薏仁及绿豆以中火煮开，改小火煮半小时，加入薄荷及冰糖继续煮8分钟即可食用。

功效：

清热解毒。

丝瓜粥

配料：

鲜丝瓜1条、粳米100克、白糖少许。

做法：

第一步，鲜丝瓜去皮和瓢，切成适中的滚刀状。

第二步，粳米淘洗干净备用，将食材放入锅内。在锅内加入清水适量置武火上浇沸，再用文火煮熟成粥，加入白糖即成。

功效：

养阴生津。

第四节

夏至：夏日北至，仰望最美的星空

夏至的阳历时间为每年的6月21日或22日，"日北至，日长之至，日影短至，故曰夏至。至者，极也"。

【夏至的由来】

夏至是二十四节气中最早被确定的一个节气。据史料记载，公元前7世纪，先人采用土圭测日影，确定了夏至。每年的夏至从6月21日（或22日）开始，到7月7日（或8日）结束。

在夏至这一天，太阳运行到黄经90°，此时太阳直射地面的位置到达一年的最北端，几乎直射北回归线，北半球的白天达到最长。夏至以后，太阳直射地面的位置逐渐南移，北半球的白天逐渐缩短。

我国古代将夏至分为三候："一候鹿角解；二候蜩始鸣；三候半夏生。"这句话什么意思呢？古人认为，麋与鹿一属阴一属阳。鹿的角朝前生，故属阳。夏至日，阴气开始升发，阳气开始衰落，所以，鹿角便开始脱落。而麋因属阴，所以直到冬至日角才会脱落；雄性的知了在夏至后因感到阴气便鼓翼而鸣。半夏是一种喜阴的药草，因在仲夏的沼泽地或水田中出生而得名。由此可以看出，在炎热的仲夏，一些喜阴的生物开始出现，而阳性的生物却开始衰退。

【气候特点与农事】

夏至以后，气候呈现出四大特点：一是对流天气，夏至以后地面受热强烈，空气对流旺盛，容易在午后至傍晚形成雷阵雨，且来即去，降雨范围小；二是暴雨天气，夏至期间，正值长江中下游、江淮流域梅雨，常常出现暴雨天气；三是桑拿天，夏至以后，气温继续升高，而且空气湿度较大，十分闷热，俗称桑拿天；四是江淮梅雨，此时是江淮一带的梅雨季节，空气非常潮湿，冷、暖空气团在这里交汇，并形成一道低压槽，导致阴雨连绵的天气。那么，此时的农事安排与农事活动有哪些呢？

（一）适时浇水追肥

夏至后，良好的气候条件给夏作物的生长带来有利条件，同时农作物对水肥的需求增加，此时应适时浇水追肥。

（二）做好冬小麦收割工作

进入夏至后，东北、西北地区的冬小麦全面开始收割，农民应抓紧时间收割，颗粒归仓。

（三）华南西部要做好防涝准备

夏至后，华南西部雨水量显著增加，发生洪涝灾害的概率增大，此时要做好防涝准备，以免给农作物的生长带来不利影响。

（四）华南东部应抢蓄伏前雨水

夏至时节是华南东部全年雨量最多的时期，此后常受副热带高压控制，出现伏旱。为加强抗旱能力，应做好抢蓄伏前雨水的工作。

（五）及时锄草

夏至时节，农田杂草生长得很快，不仅与作物争水争肥，还携带多种病菌和害虫，此时应抓紧时间中耕锄地，确保增产。

除此以外，各种秋果树需要认真地护果防虫，提高果品质量；产棉区的棉花一般已经现蕾，营养生长和生殖生长两旺，要注意及时整枝打杈，中耕培土。

【农历节日】

因荷花在夏季开放，故古人将每年农历六月二十四定为荷花生日。荷花生日又称为观荷节、观莲节，是中国民间传统节日。

观荷节历史悠久，据史料记载，早在宋代时就已经非常流行。在清代的吴越一带，因湖塘溪浦众多，荷花满目皆是，在观荷节这一天，男女老少都会倾城而出，汇集在荷塘赏荷，为荷莲庆寿，古称"荷诞"。

（一）观莲花

在宋代，每逢六月二十四，民间便至荷塘泛舟赏荷，消夏纳凉，荡舟轻波，采莲弄藕，在享受荷花之美的同时，也收获一分惬意的心情。

（二）放荷灯

在农历六月二十四这天夜里，用天然长柄荷叶为盛器，在里面燃上蜡烛，让孩子拿着玩耍；或将莲蓬挖空，点烛作灯；或以百千盏荷灯沿河施放，星星点点，蔚为壮观。

（三）品莲馔

莲的花、叶、藕、籽都能制作美味佳肴，早在唐朝时，就有在观莲节吃"绿荷包饭"的习俗。宋人喜欢将莲花花瓣捣烂后掺入米粉和白糖蒸成莲糕食用；明代将其制成荷花酒，宋朝的玉井饭和元朝的莲子粥，则都是以莲子为主要原料制作的美食。

【夏至民俗及民间宜忌】

夏至是我国民间重要的节日，称为"夏至节"，那么，在夏至日有哪些民间习俗呢？

（一）夏至面

民间有谚语云："冬至饺子夏至面。"按照老北京的风俗习惯，在夏至这一天要大啖生菜、凉面，以降火开胃。时至今日，每到夏至日，北京各家面馆都会生意火爆，无论是四川凉面、担担面，还是红烧肉面等，都十分畅销。

山东各地在夏至这一天也会普遍吃面，而面条都要过凉水，俗称"凉水面"，用来消夏避伏。

西北有些地区如陕西，会在夏至日吃粽子，并取菊为灰用来防止小麦受虫害。

在南方，农家会擀面做薄饼，烤熟，夹上青菜、豆荚、豆腐及腊肉，祭祖后食用或赠送亲友。有些地区，成年的外甥和外甥女会到舅舅家吃饭，舅舅家的餐桌上要必备苋菜和葫芦。据说吃了葫芦，腿就有力气；吃了苋菜，不会发痧。也有到外婆家吃腌腊肉的习俗，据说吃了腌腊肉就不会疰夏了。

（二）吃麦粥馄饨

在夏至这一天，无锡人会在夏至的早晨吃麦粥，中午吃馄饨，取其混沌和合之意，而麦粥能健脾养胃，有效缓解人们苦夏时的食欲不振，同时还可祛湿利尿。

（三）食狗肉

夏至日，广东阳江、开平等地有吃狗肉的习俗，阳江流传着这样一句民谚："夏至狗，冇定走（无处藏身）。"

夏至这一天，在阳江一些镇上的农贸市场，平常卖猪肉的摊档，多会挂起狗肉，只有少数摊档猪肉狗肉一起卖，"挂猪头，卖狗肉"已经成为夏至广东阳江地区肉菜市场一道特殊的风景。

那么，阳江人为什么会在夏至日吃狗肉呢？据说夏至这一天吃狗肉能祛邪补身、抵御瘟疫等，"吃了夏至狗，西风绕道走"。

同样，在广东省开平市也流传着夏至日吃狗肉的习俗。之所以吃狗肉，一是有避邪等迷信的原因，也有人认为"可以升官发财"；二是因为狗肉滋补、暖胃，夏至过后，农民要收庄稼了，体力消耗很大，吃狗肉能增加体力。不过，因狗肉属于热性食物，现在人们只是象征性地吃一点，很多人还会在吃狗肉前后喝一杯凉茶。

（四）吃荔枝

夏至日吃荔枝和狗肉是岭南一带人的习俗，据说，在夏至这一天合吃这两样东西不热，有"冬至鱼生夏至狗"之说。人们对荔枝的吃法是非常讲究的，厨师会利用时令荔枝做成荔枝鸭片、荔荷炖鸭、荔枝炖鸡等，味道十分独特。

（五）开镰节

在夏至期间，广东阳江地区有开镰节，在前一天晚上，家家户户要做面饼、茶，并备好酒，在广场上跳"禾楼舞"，该舞是古时百越乌浒族的一种舞蹈。

（六）祭神祭天

古时，夏至节是不亚于端午节的重要节日。从周代开始，每到夏至日，朝廷都会举办隆重的祭神活动，祈求五谷丰登。除了祭祀活动外，朝廷还用歌舞礼乐的方式，祈祝国泰民安。到了宋代，从夏至这一天开始，朝中百官会放假3天。最有意思的是辽代的夏至习俗，在这一天，妇女会互相赠粉脂囊，用来除去身上的汗渍味。

除了以上习俗外，夏至的民间禁忌也不少，常见的两大禁忌是忌有雷雨、忌剃头理发。在民间，农民最忌讳在夏至日这一天有雷雨天气，民谚称："夏至有雷，六月旱；夏至逢雨，三伏热。"夏至日忌剃头理发是清朝时期的一项习俗禁忌，据说，夏至日剃头理发会破运。

【饮食起居宜忌】

夏至之后，我国大部分地区就进入了盛夏。高温酷暑天气时常出现，气温有时可达40℃左右，在此气候条件下，人们在饮食起居方面应该注意哪些事项呢？

（一）多吃蔬果杂粮

气候炎热，人的消化功能相对较弱，因此，饮食宜清淡不宜肥甘厚味，要多吃蔬果杂粮，不可过食热性食物，以免助热。

（二）忌夜食生冷食物

体质较弱者或者老年人，最好少吃生菜、瓜类等，尤其是夜间更要注意，不能吃肉、面、生冷、黏腻之物，否则可引起腹胀、腹泻。

（三）运动强度不宜过大

夏季是减肥的最佳季节，不少人为了达到瘦身的目的，每天都在健身房里苦练。殊不知，本来夏季出汗就多，能量消耗就大，锻炼时应该量力而行，以养护阳气。特别是一些中老年人，不应过于追求运动强度，因为一些平时较难察觉的隐性疾病很可能因过度运动而引发。

（四）适当午睡

夏季，晚上最好能在11点之前上床睡觉，以保证每天6—8小时的睡眠时间。睡前不做剧烈运动，不吃东西，少喝水，以保证睡眠质量，午餐后最好能有半小时的午休时间。

【健康食谱】

夏至过后湿气会越来越多，如果不及时地祛湿就会影响身体健康。下面就为大家推荐两款夏至养生食谱。

荷叶茯苓粥

配料：

干荷叶1张，茯苓50克，粳米或小米100克，白糖适量。

做法：

第一步，将荷叶煎汤去渣。

第二步，把茯苓、洗净的粳米或小米加入药汤中，同煮为粥，出锅前将白糖入锅。

功效：

清热解暑，宁心安神，止泻止痢。

凉拌莴笋

配料：

鲜莴笋350克，葱、香油、味精、精盐、白糖各适量。

做法：

第一步，莴笋洗净去皮，切成长条小块，盛入盘内加精盐搅拌，腌1小时，沥去水分，加入味精、白糖拌匀。

第二步，将葱切成葱花撒在莴笋上，锅烧热放入香油，待油热时浇在葱花上，搅拌均匀即可。

功效：

利五脏，通经脉。

第五节

小暑：盛夏登场，释放发酵后的阳光

小暑的阳历时间为每年的7月7日或8日。暑，表示炎热之意，古人认为小暑期间，还不是一年中最热的时候，故称之为小暑。

【小暑的由来】

小暑，二十四节气之一，是夏季的第五个节气，太阳到达黄经105°时。《月令七十二候集解》："六月节……暑，热也，就热之中分为大小，月初为小，月中为大，今则热气犹小也。"

古时，人们将小暑分为三候："一候温风至；二候蟋蟀居宇；三候鹰始鸷。"这句话的意思是说，小暑时节，大地上不会再有一丝凉风，风中夹杂着热浪；因炎热，蟋蟀也离开了田野，到庭院的墙角下避暑；老鹰因天气炎热在清凉的高空中飞翔。

小暑表示季夏时节正式开始，此时天气还不是最热的时候，只是炎热的开始，故民间有谚语云："暑不算热，大暑三伏天。"关于小暑的由来有很多非常有趣的传说。

传说一

相传，六月六是龙宫晒龙袍的日子。因为这一天差不多是在小暑的前夕，是一年中气温较高、日照时间最长的日子，所以，家家户户会在这一天"晒伏"，即把存放在箱柜里的衣服晾到外面暴晒。

传说二

相传六月六是小白龙回家的日子。因小白龙触犯了天条，被龙王囚禁在一个很远的小岛上，失去了自由，只有在六月六这一天，才能回家探望母亲。小白龙探母心切，昼夜兼程，从而带来了惊雷闪电、狂风暴雨。

传说三

相传牛郎与织女被银河分隔在两岸，一年中只有七月七这一天才可以相会，但在他们之间隔着一条银河，又没有渡船，所以，在六月六这一天，人间的孩子们要将端午节戴在手上的百索子撂上屋，让喜鹊衔去，在银河上架起一座像彩虹的桥，以便牛郎和织女相会。

【气候特点与农事】

进入小暑节气，江淮流域梅雨相继结束；我国东部淮河-秦岭一线以北的地区受东南季风影响，降水量明显增多，且雨量较为集中；西南、华南、青藏高原也处于雨季中；长江中下游地区则出现高温少雨天气。那么，此时的农事安排与活动有哪些呢？

（一）抢收农作物

小暑前后，我国的东北与西北地区正处于收割冬、春小麦等作物的关键时期，应抓紧时间抢收农作物。

（二）加强农田管理

小暑时节，气温较高、雨水丰沛、光照充足，我国大部分地区的夏秋作物进入了生长最旺盛的时期，此时人们应加强农田管理，主要表现在以下方面：

1. 水稻的管理

此时，早稻处于灌浆后期，早熟品种在大暑前就要收获，要保持田间干湿；中稻已拔节，进入孕穗期，应根据长势追施穗肥；棉花开始开花结铃，生长旺盛，在重施花铃肥的同时，及时整枝、打杈、去老叶。

2. 防治病虫害

盛夏高温是蚜虫、红蜘蛛等多种害虫盛发的季节，此时应加强病虫害的防治。

（三）做好防御热雷雨的工作

在小暑前后，南方大部分地区常出现雷暴天气，对菜农来说，要防御热雷雨的危害，比较好的办法是雨后很快浇水，最好用井水或冷水塘的水进行喷灌。

【农历节日】

农历六月初六是汉族传统节日天贶节，又称"回娘家节""翻经节"，起源于宋代。宋真宗赵恒非常迷信，有一年六月六，他声称上天赐给他一部天书，并要百姓相信他的话，于是将这一天定为天贶节，并在泰山脚下的岱庙建造了一座宏大的天贶殿。关于天贶节，民间有很多有趣的习俗。

（一）晒红绿

淮安汉族民间有六月六晒红绿的习俗，相传该习俗始于唐代。唐代高僧玄奘从西天取经回国，过海时，经文被海水浸湿，在六月六这一天将经文取出来晒干。后来，六月六就变成了吉利的日子。起初皇宫内会在这一天为皇帝晒龙袍，后传入汉族民间，每家每户都会在这一天在大门前暴晒衣服，以后此举成俗。

（二）回娘家

春秋战国时期，晋国卿狐偃骄傲自大，气死了亲家赵衰。有一年，晋国遭了灾，狐偃出京城放粮，女婿想乘狐偃过生日的时候为父报仇，杀死狐偃。女儿得知此事后，急忙赶回娘家报信，让父亲做好准备。狐偃放粮回城，深知自己办了坏事，十分后悔，不仅不怪女婿，还改正了坏毛病。事后，每年的六月六，狐偃都把女婿、女儿接回家里，一家团聚。后来这个故事传到汉族民间，逐渐演变成了妇女回娘家的节日，又称"姑姑节"。

在过去，嫁出去的女儿什么时候回娘家并没有规定，一般多在农闲时节。民谚云"六月六，请姑姑"，妇女回娘家是天贶节的重要内容。在这一天，小孩也要跟随母亲去姥姥家，回来时，在前额上印有红记，作为避邪求福的标记。

河南妇女回娘家时，要包饺子，敬祖先，在祖坟旁挖4个坑，每个坑中都放上饺子，作为扫墓供品。另外，甘肃榆中在六月六庙会上，求孕妇女会跪在太白泉边，从水中捞起石头，然后用红布包好，祈求得子。

（三）晒书

相传，玄女赐给宋江一本天书，让他替天行道，因此有六月六降天书的传说。又传说当天是龙晒鳞的日子。盛夏时节多雨易霉，因此，只要遇到晴天就要将书、衣服等拿出来暴晒，以免发霉。

在河南，也都晒衣物、器具、书籍的风俗。除此之外，妇女会在这一天洗头，并把狗、猫等宠物轰下水洗澡。

（四）晾经节

每到六月六，如正好是晴天，皇宫内的全部銮驾都要陈列出来暴晒，皇史、宫内的档案、御制文集等，也要进行通风晾晒。当年这一天也有"晾经节"之称，各地的寺庙道观要在这一天举行"晾经会"，把所存的经书都摆出来晾晒，以防经书潮湿、虫蛀鼠咬。

（五）晒秋节

晒秋是典型的农俗现象，地域性较强。在安徽、湖南、江西、广西等山区的村民，因地势复杂，平地极少，只能利用房前屋后及自家窗台屋顶架晒、挂晒农作物，久而久之就演变成了一种传统农俗。这种村民晾晒农作物的场景，逐步成了画家、摄影家追逐创造的素材，并将其称为"晒秋"。

（六）求平安

在过去，医疗卫生条件较差，盛夏和腊月是死亡率最高、发病者最多的时候，所以，在六月六要特别注意人畜的安全。山东临朐地区会在六月六祭山神，祈求"男人走路不害怕，女人走路不见邪"。

还有一种巫术，在大雨将至之际，如天气连阴不止，闺中女孩会剪纸人悬挂在门的左边，称"扫晴娘"，企图利用扫晴娘把阴云驱散。这种巫术剪纸在中国北方广为流传，如陇东地区称为"扫天娃娃""驱云婆婆"等。

此外，一些地区在六月六这一天还有不少宗教活动，如辽宁盖州有八腊庙会，是一种为驱虫、祈雨的活动。山东民间在六月六祭东岳大帝神，举行东岳庙会。

此外，在六月六这一天，广东地区有划龙舟活动。在山东地区认为这一天是荷花生日，人们赏荷、采莲，市场上还大量出售荷花玩具，妇女、儿童喜欢用其花汁染指甲。

【小暑民俗及民间宜忌】

24个节气，每个节气每个地方的习俗都不相同，那么，你知道小暑节气有哪些习俗吗？

（一）"食新"习俗

小暑意味着天气越来越炎热，为了应对炎热的天气，同时也表示对最早一轮谷物收获的喜悦与感恩，我国有"食新""祭祀五谷大神"的习俗。

所谓"食新"，是指在小暑过后要吃新米，农民用新米做好饭，供祀五谷大神和祖先，然后人们再吃尝新酒等。也有的地方会把新收割的小麦炒熟，磨成面粉后，用水加糖，拌着吃。据说这个习俗早在汉代就有了，唐宋时期发展到鼎盛。

据说"吃新"乃"吃辛"之意，在这一天，人们通常会买少量新米与陈米同煮，加上新上市的蔬菜等，所以，民间有"小暑吃黍，大暑吃谷"的说法。

（二）吃暑羊

小暑节气吃暑羊的习俗在鲁南和苏北地区比较普遍。入暑后，秋收还未到，对农民来说，此时较为清闲，他们便会三五户一伙吃暑羊，此时的羊羔肉质肥嫩，味道十分鲜美。

据说，徐州人入伏后吃暑羊的习俗可以追溯到尧舜时期，在民间有"彭城伏羊一碗汤，不用神医开药方"的说法。徐州还有一句人尽皆知的民谣，"六月六接姑娘，新麦饼羊肉汤"，可见徐州人对羊肉的喜爱。

此外，有些北方地区会在小暑、大暑期间喝羊汤，一来滋补身体，二来"羊"与"阳"谐音，古人认为夏天阳气丧失得多，喝羊汤能增加阳气。

（三）吃藕

在小暑节气，民间素有吃藕的习俗。据说，在清咸丰年间，莲藕就被钦定为御膳贡品。因"藕"与"偶"同音，因此人们通过吃藕来祝愿婚姻幸福美满。由于藕与莲花一样，出淤泥而不染，所以，藕也被看作是清廉高洁的人格象征。

（四）吃杧果

小暑时节，是杧果成熟的时候，因此小暑吃杧果也成了一种习俗。相传，当年有个虔诚的信徒曾将自己的杧果园献给释迦牟尼，以让他在树荫下乘凉休息。

（五）吃伏面

入伏的时候正是小麦收获的日子，家家户户麦满仓。但人们因天气炎热而食欲不振，饺子就成了开胃解馋的佳品，人们用新磨好的面粉包饺子，或者吃顿新白面做的面条。在北方有"头伏饺子二伏面，三伏烙饼摊鸡蛋"之说。

在山东的一些地方会吃生黄瓜和煮鸡蛋来治苦夏，而在入伏这一天的早晨只吃鸡蛋，不会吃其他食物。

据史料记载，伏日吃面的习俗最早出现在三国时期。伏天还可以吃炒面、过水面。过水面就是将煮熟的面条放在凉水里过一过，再捞出，浇上卤汁，拌上蒜泥，就可以食用了，非常败火。炒面就是用锅将面粉炒干炒熟，再用开水冲开后加糖拌着吃。

（六）封斋

湘西苗族会在小暑前的辰日到小暑后的巳日进行封斋，在这段时间里，是不能吃鸭、鸡、鱼、鳖、蟹等食物的，一旦食用就可能招致灾祸，不过在此期间是可以吃猪、牛、羊肉的。

（七）天贶节

六月六为天贶节，据史料记载，天贶节始于宋代哲宗元符四年，"贶"即"赐"，即天赐之节，宋代的皇帝会在伏天向臣属赐"冰麨"和"炒面"，因此而得名。

（八）舐牛

在山东临沂地区，在小暑时节，农民会给牛改善伙食，伏日煮麦仁汤给牛喝，据说牛喝了身体更健壮，干活的时候不淌汗。民谣中这样唱道："春牛鞭，舐牛汉（公牛），麦仁汤，舐牛饭，舐牛喝了不淌汗，熬到六月再一遍。"

（九）晒书画、衣服

民谚有云："六月六，人晒衣裳龙晒袍。""六月六，家家晒红绿。"在小暑时节，民间有晒书画、衣服的习俗。

了解完小暑的习俗，我们再来了解一下小暑的民间禁忌。民间有"冬不坐石，夏不坐木"之说，意思是说，小暑过后，气温高、湿度大，长时间坐在露天的木料，如椅凳，经露打雨淋，含的水分很多，即便表面看上去是干的，但依然会有潮气，不能久坐，否则会引发痔疮、风湿和关节炎等疾病。

【饮食起居宜忌】

天气炎热，对身体健康是一种考验。那么，在小暑时节，人们在饮食起居方面应该注意哪些事项呢？

（一）保证充足的睡眠

夏天昼长夜短，且夜间温度较高，往往给人们的休息带来不小的影响。此时，要保证足够的睡眠，早睡早起，才能维持身体各项机能的正常运转，成年人每天的睡眠时间最好能保证7小时。

（二）饮食宜清淡

夏天饮食不宜过饱，七八分饱即可。天气炎热，常常导致人们食欲不振，此时应多吃一些清淡的食物，即多食用低糖、低盐、高碳水化合物、高蛋白的食物，尽量少吃辛辣、油炸的食品。

（三）适量运动

夏天天气炎热，人们往往不爱运动，其实，夏季依然要保持适量的运动，短距离的游泳、瑜伽、太极等是最适合酷暑时节的运动。但运动时间最好选择早上和傍晚，晨练不宜过早。

（四）空调温度不宜过低

天气炎热，不少人贪凉，会将空调调得温度较低，这对健康是不利的，因为室内温差太大，就容易引发感冒、中暑等疾病，室内温度最好保持在27℃左右，不宜太低。

【健康食谱】

小暑时节的饮食应以清淡为主，同时注意清热利湿、健脾养心护肾。以下介绍的两款菜谱最适合小暑时节食用。

炒绿豆芽

配料：

新鲜绿豆芽500克，花椒少许，植物油、白醋、食盐、味精适量。

做法：

第一步，豆芽洗净水沥干。

第二步，油锅烧热，花椒入锅，烹出香味，将豆芽下锅爆炒几下，倒入白醋继续翻炒数分钟，起锅时放入食盐、味精，装盘即可。

功效：

清热解毒，疗疮疡。

蚕豆炖牛肉

配料：

鲜蚕豆或水发蚕豆120克，瘦牛肉250克，食盐少许，味精、香油适量。

做法：

第一步，牛肉切小块，先在水锅内汆一下，捞出沥水。

第二步，在砂锅内放入适量的水，待水温时，牛肉入锅，炖至六成熟，将蚕豆入锅，开锅后改文火，放食盐煨炖至肉、豆熟透，加味精、香油，出锅即可。

功效：

健脾利湿，补虚强体。

第六节

大暑：水深火热，龙口夺食

大暑的阳历时间为每年的7月22日或23日或24日。大暑表示炎热至极。

【大暑的由来】

大暑是夏季的最后一个节气，太阳到达黄经120°时，与小暑一样，都是反映夏季炎热程度的节气。

《月令七十二候集解》："六月中，……暑，热也，就热之中分为大小，月初为小，月中为大，今则热气犹大也。"在大暑时节，正值中伏前后，我国大部分地区进入了一年中最热的时期，此时也是喜温作物生长最快的一段时间。不过，这个节气雨水较多，民间有"小暑大暑，淹死老鼠"的谚语。

我国古代将大暑分为三候："一候腐草为萤；二候土润溽暑；三候大雨时行。"这句话的意思是说，萤火虫分为水生与陆生两种，陆生的萤火虫会将卵产在枯草上，大暑时节，萤火虫孵化出来，因此，古人认为萤火虫是腐败的草变成的；此时，天气开始变得闷热，土地十分湿润，也忍受着酷暑的煎熬；在大暑时节经常有大的雷雨出现，使暑湿减弱，天气开始向立秋过渡。

【气候特点与农事】

进入大暑节气，气候呈现出两大特点：一是高温酷热，大暑一般处在三伏里的中伏阶段，此时我国大部分地区都处在一年中最热的阶段，全国各地温差不大；二是雷雨多，大暑也是雷阵雨最多的季节，而且雨说来就来，非常迅速，当然，晴得也快。此时，农民朋友应做好以下农事安排与活动：

（一）注意灌溉补水

大暑时节，是天气最炎热的时候，各种喜温的农作物到了生长最快的季节，东北地区的棉花进入花铃期，大豆到了开花结荚的时期，此时正是农作物需水高峰期，要注意灌溉补水。另外，黄淮平原的夏玉米多已拔节孕穗，快要抽雄，是产量形成最关键的时候，要严防"卡脖旱"的危害。

（二）做好"双抢"工作

大暑时节，对南方一些种植双季稻的地区来说，是一年中最艰苦、最紧张的"双抢"季节。适时收获早稻，不仅可减少后期风雨造成的灾害，确保丰产丰收，还可使双晚适时栽种，保证充足的生长期。农民朋友要依据天气的变化，灵活安排，晴天多割，阴天多栽。最晚要在立秋之前插完双晚。

（三）预防自然灾害给农作物带来不利影响

大暑前后，除了炎热的天气外，北方雨季已来到，南方易涝也易旱，气候变化是最为剧烈的时期，常会出现雷电、冰雹等恶劣天气。此时要做好预防工作，避免给农作物的生长带来严重影响。

【农历节日】

火把节，一些民族又称"星回节"，是彝族、白族等云南少数民族的一个重要传统节日。节期一般为农历六月二十五，也有在六月二十四过节的。关于火把节的传说，各民族都不相同，大致有几种说法。

彝族关于火把节的传说

很早以前，天上有个大力士名叫斯惹阿比，地上有个大力士名为阿体拉巴，两人都有拔山的力气。一天，斯惹阿比要和阿体拉巴比赛摔跤，可阿体拉巴有急事，需要外出，临走时，他请母亲用一盘铁饼招待斯惹阿比。斯惹阿比认为阿体拉巴既然用铁饼作为食物，力气一定很大，便吓得赶紧离开了。

阿体拉巴回来后，听说斯惹阿比刚离去，立刻追了上去，要和他比赛摔跤，结果斯惹阿比被摔死了。天神恩梯古兹知道了此事，火冒三丈，派大批蝗虫、螟虫来啃食地上的庄稼。

于是，阿体拉巴在农历六月二十四那一晚，砍了许多松树枝、野蒿枝，扎成火把，率领众人点燃起来，到田里去烧虫。从此，彝族人民便把六月二十四这一天定为火把节。

纳西族关于火把节的传说

天神子劳阿普嫉妒人间的幸福生活，派了一位年老的天将到人间，要他把人间烧成一片火海。老天将来到人间，看到一个汉子将年纪稍大的孩子背在身上，年纪小的孩子反倒牵着走，感到十分奇怪。询问后才知道，背在背上的孩子是侄子，牵着手走的孩子是儿子，因哥嫂死了，汉子认为应好好照料侄子。

老天将听后，十分感动，不忍心加害人间，便将天神要烧毁人间的消息告诉那个汉子，要他告诉人们在六月二十五那天事先在门口点燃火把，就可以度过此劫难。于是，千家万户都在六月二十五晚上点起了火把。天神以为人们葬身于火海，便沉沉地睡去，再也没有醒来。从此，纳西族人民就把这一天定为火把节。

拉祜族关于火把节的传说

山上住着一个恶人与一个善人，恶人十分恶毒，专吃人眼。在六月二十四这一天，善人用蜂蜡裹在山羊角上，点燃蜂蜡后叫山羊去找恶人，恶人看到火花，误以为人们拿火枪来打他，急忙躲进山洞，并用石块堵住了洞口，结果被洞里冒出来的水淹死了。从此，人们再也不担心恶人为非作歹了。于是，拉祜族人民就把这一天定为火把节。

接下来，我们来了解一下彝族火把节有哪些习俗。彝族火把节一般历时三天三夜，而且在节前，人们就开始忙碌，做好准备。

（一）节前

在火把节到来之前，家家户户都会准备食品。其间，各个村寨会用干松木和松明子扎成大火把竖立在寨中，各家门前竖起小火把，入夜后就要点燃，一到晚上，村寨被红色的火焰笼罩，一片通明。同时，人们的手中还要拿着小型火把成群结队地走在村边地头、山岭田埂间，将火把、松明子插在田间。最后青年男女会聚在广场，将许多火把堆成火塔，人们围成一圈，载歌载舞。

火把节的主要活动在夜晚，人们或点燃火把照天祈年、除秽求吉，或燃起篝火，举行盛大的歌舞娱乐活动。其间，还有斗牛、赛马、射箭、摔跤、荡秋千、拔河等娱乐活动，并开设贸易集市。

（二）火把节第一天为"都载"

通常火把节要历时三天三夜，第一天为"都载"，意为迎火。在这天，每个村寨都会杀猪宰羊，用酒肉来迎接火神、祭祖，妇女忙着做糍粑面、荞麦馍，出门在外的人要回家吃团圆饭，围着火塘喝酒吃肉。

到了晚上，临近村寨的人们会在老人选定的地点搭建祭台，用传统的方式击打燧石点燃圣火，由毕摩诵经祭火。之后，每家每户由家庭中的老人从火塘里接传点用蒿秆扎成的火把，让儿孙们从老人手里接过火把，先照遍屋里的每个角落，再到田边，用火光驱除病魔灾难。最后集聚在山坡上，载歌载舞，做游戏。

（三）火把节第二天为"都格"

"都格"的意思是颂火、赞火，是火把节的高潮部分。一大清早，人们穿上节日的盛装，带着煮熟的坨坨肉、荞麦馍，聚集在祭台圣火下，参加传统节日活动，如摔跤、赛马、射击、斗牛、斗羊、斗鸡、爬杆、选美等，女孩子们跳起"朵洛荷"。在众多活动中，最重要的莫过于选美，老人们要按照传说中阿体拉巴勤劳勇敢、英俊潇洒的形象选出美男子，选出像妮璋阿芝那样善良美丽的女子。

晚上，无数的火把形成一条条火龙，从四面八方聚集在一起，人们围着篝火尽情地唱歌跳舞，直到深夜，场面壮观，故有"东方狂欢节"之称。当篝火要熄灭的时候，一对对有情男女青年走到僻静处互诉衷肠。所以，也有人把彝族的火把节称为"东方的情人节"。

（四）火把节的第三天为"朵哈"或"都沙"

"朵哈"或"都沙"的意思是送火，此时火把节已经接近尾声，这天晚上，祭过火神吃完晚饭，家家户户陆续点燃火把，手持火把，相聚在约定好的地方，搭设祭火台，举行送火仪式，念经祈祷火神，祈求祖先和菩萨，赐给子孙后代幸福安康、五谷丰登。人们一边舞着火把，一边唱祝词，还要将第一天宰杀的鸡翅、鸡羽等物焚烧掉，象征着病魔、瘟神被焚毁了，然后找一块大石头，把点燃的火把、鸡毛等压在石头下面，象征着压住魔鬼，保佑人丁兴旺、五谷丰登、牛羊肥壮。最后，各村寨将火把聚在一起，燃成一堆大篝火，以示众人团结一心，共同防御自然灾害。

【大暑民俗及民间宜忌】

为了过好大暑，民间有很多习俗，如吃仙草、饮伏茶、贴三伏贴等。下面就让我们来看看全国各地非常有趣的习俗。

（一）吃仙草

广东民谚曰："六月大暑吃仙草，活如神仙不会老。"在大暑时节，广东很多地方都会吃仙草。仙草是一种重要的药食两用的植物，因具有消暑功效，被称之为"仙草"，其茎叶晒干后可做成烧仙草，广东一带叫凉粉，是消暑的甜品。

在台湾喜欢吃烧仙草，烧仙草很像粤港澳地区流行的另一种小吃龟苓膏，有冷、热两种吃法，也具有清热解毒的功效。关于烧仙草的起源有一个非常有趣的传说。

相传古时候天上有10个太阳，高温使得庄稼和草木都枯萎了，无法生长。骁勇善战的后羿用弓箭一下子射掉了天上的9个太阳，西天王母娘娘为了表彰后羿，赐给他成仙之药，但不幸的是，其妻嫦娥偷吃了仙药，奔入月中，使得留在人间的后羿只能仰天长叹。

后来后羿命令部卒找1000名童男童女去仙人岛采摘仙人草，使得他离心离德。最终后羿心力交瘁，仰天而终。他死后不久，坟头上就长出了一种草，并很快繁殖到全国各地，这种草能降温去暑，百姓把它称之为仙草。

原来，后羿生前备受心火的折磨，其灵魂在离行之后恍然大悟，洞察到生命必须仰仗一种将酷热置之度外的清凉的养护。于是，他寻找仙人草的愿望就变成了现实，以自己的献身来平息世人对他的怨恨。

另有传说，很久以前，因交通不便，人们外出只能靠步行，天气炎热的时候赶路就容易中暑。有一位神医发现了一种特殊的草药，让人吃后神清气爽，以防中暑。后来，人们就把这种草药叫作仙草。

烧仙草的做法很简单，主要原料是仙草粉，一般超市都有销售。

第一步，将牛奶放到锅里煮至微开，然后放入一包红茶，浸泡30分钟成奶茶。

第二步，将奶茶倒入碗中，凉至50℃左右加入少量蜜蜂搅拌均匀。

第三步，准备50克左右的仙草粉，锅中烧开水，先用清水将仙草粉调成较稀的糊，将仙草原料凉粉糊倒入开水中，一边倒一边用勺子搅拌，煮至稠状后倒入碗中晾凉后，放入冰箱冰冻1小时。

第四步，将冻好的凉粉切成块，加入准备好的奶茶，就可以开吃了。

（二）煲消暑汤

在广东，特别是珠三角一带，每到大暑时节，每家每户都会煲消暑汤，老冬瓜鲜荷叶解暑汤是广东民间传统的消暑饮食汤品。

（三）饮伏茶

伏茶，就是三伏天喝的茶。免费供应伏茶时间一般从农历六月初到八月末。伏茶是由夏枯草、甘草、金银花等10多味中草药煮成的茶水，具有清凉祛暑的功效。古时候，很多地方的农村都会在村口的凉亭里放些茶水，免费给过往行人喝。

（四）喝暑羊汤

在鲁中南革命老区沂蒙山区和鲁西南地区都有大暑时节喝暑羊汤的习俗，其中以单县的羊汤最出名，农闲时喝一碗羊汤，有温补肾阳、健脾益气的功效。

（五）吃面条

在山东临沂的城乡除了在大暑时节喝暑羊汤外，还会吃面条。这一天，每家每户嫁出去的女儿和结了婚的儿子都要回父母家，杀一只羊，做上一锅凉面条，全家人围坐在一起喝羊汤、吃面条，非常热闹。

（六）吃"半年圆"

大暑前后是农历六月十五，台湾叫"半年节"，即一年的一半，在这一天，拜完神明后全家人一起吃"半年圆"。半年圆是用糯米磨成粉再和上红面搓成的，多会煮成甜食来品尝，寓意团圆与甜蜜。

（七）吃凤梨

大暑时节，台湾有吃凤梨的习俗，一是因为民间认为这个时候的凤梨最好吃，二是因为凤梨的闽南语发音和"旺来"相同，因此，吃凤梨象征着平安吉祥、生意兴隆。

（八）吃荔枝

大暑时节，福建莆田每家每户都会吃荔枝，称之为"过大暑"。民间传说在这一天吃荔枝，其营养价值和人参一样高。人们会先将鲜荔枝浸泡在冷井水中，大暑时刻一到，会立马取出来品尝。

（九）吃米糟

除了吃荔枝，福建莆田人还会在大暑时节吃米糟。米糟是将米饭拌和白米曲让它发酵，透熟成糟。大暑这一天，人们会把米糟切成一块块的，加些红糖煮食，据说可以"大补元气"。

（十）煎青草豆腐

煎青草豆腐是温州人过大暑时节的一个习俗。青草豆腐是将甘草、夏枯草、仙草与金银花、菊花等中草药煎制成豆腐状，冷却后食用，具有清凉解毒、生津止渴的作用。

（十一）吃童子鸡

湘中、湘北素有大暑吃童子鸡的习俗，之所以要吃童子鸡，是因为童子鸡含有一定的生长激素，对处于生长发育期的孩子及中老年人有补益作用。

（十二）吃姜汁调蛋

台州椒江人会在大暑节气吃姜汁调蛋。姜汁能祛除湿气，姜汁调蛋能补人，也有老年人喜欢吃鸡粥补阳的。

（十三）晒伏姜

中国山西、河南等地，在三伏天时会把生姜切片或榨汁后与红糖搅拌在一起，装入容器中蒙上纱布，在太阳下晾晒，充分融合后食用。

（十四）贴三伏贴

三伏贴是一种膏药，银行卡般大小，通常4个为一组使用。在夏天农历的头伏日期贴在后背一些特定部位上，可以治疗预防冬季发作的一些疾病，一般贴上8小时才可以揭下来。

（十五）送"大暑船"

浙江沿海地区，特别是台州很多渔民都会举办在大暑时节送"大暑船"的活动，这一习俗已经有几百年的历史了，其意义是把"五圣"送出海，送暑保平安民。

"大暑船"是按照旧时的三桅帆船缩小比例后建造，长8米，宽2米，重约1.5吨，船内装满各种祭品。活动开始后，50多名渔民轮流抬着"大暑船"在街道上行进，鞭炮齐鸣，锣鼓喧天，街道两旁围着很多祈福的人。将"大暑船"运送到码头之后，还会进行一系列的祈福仪式。之后，"大暑船"会被拉出渔港，在大海上点燃，以此来祝福人们生活安康、五谷丰登。

（十六）海边过大暑

深圳人的大暑时节是在海边度过的，为了防止被晒黑、晒伤，他们去海边之前，往往要涂上防晒霜，并不时补涂。

（十七）送瘟神

三伏天，烈日炎炎，也是瘟疫疾病的暴发期。在古时，人们会在河船上举行祭祀活动，将船划到很远的地方去，以示送走瘟神，就可以保平安，无病无灾了。

大暑时节有很多的民间习俗，对于禁忌也应有所了解。在民间，大暑日忌讳天气不热，不然庄稼的收成就不好。有谚云"大暑无汗，收成减半"，又有"大暑无雨，谷里没米"之说。

【饮食起居宜忌】

大暑是一年中天气最热的时期，炎热的天气给人们的饮食起居带来了不小的影响，人们平时应注意以下几点：

（一）防中暑

伏天是四季中阳气鼎盛之际，一些体温调节功能较差的人，在高温环境中易中暑。因此，须注意不要在太阳下暴晒，烈日当空时不宜出门，勿做剧烈的运动，要保证充足的睡眠。应少量多次补充水分，可选择淡盐水、绿茶、绿豆汤及其他清凉饮料。

（二）静心养生

心静自然凉。天气越热，人们越要心静，不要生闷气，遇到不顺心的事情，要主动调节自己的情绪。比如游泳、散步、听听轻音乐，或找朋友倾诉烦恼，都能很好地转移负面情绪。

（三）多饮温水益消暑

水是人体十分重要、不可缺少的健身益寿之物。传统消暑的养生方法十分推崇饮用白开水。但要注意的是，不能一次性饮水过多，以免给心脏造成负担。

（四）"桑拿天"宜散步

大暑时节，天气往往闷热、潮湿，为了让体内的湿气散发出来，应尽量在早晚温度稍低时进行散步等强度不大的活动。

【健康食谱】

大暑是一年中温度最高、阳气最盛的时节，饮食上应清淡。以下两款食谱最适合大暑时节食用。

清拌茄子

配料：

嫩茄子500克，香菜15克，蒜、米醋、白糖、香油、酱油、味精、精盐、花椒各适量。

做法：

第一步，茄子洗净削皮，切成小片，放入碗内，撒上少许精盐，再放入凉水中，泡去茄褐色，捞出放蒸锅内蒸熟，取出晾凉。

第二步，蒜捣成蒜蓉。

第三步，将炒锅置于火上烧热，加入香油，下花椒炸出香味后，连油一同倒入小碗内，加入酱油、白糖、米醋、精盐、味精、蒜蓉，调成汁，浇在茄片上。

第四步，香菜择洗干净，切段，撒在茄片上即成。

功效：

清热通窍，消肿利尿，健脾和胃。

绿豆南瓜汤

配料：

绿豆50克，老南瓜500克，食盐少许。

做法：

第一步，绿豆清水洗净，趁水未干时加入少许食盐搅拌均匀，腌制几分钟后，用清水冲洗干净。

第二步，南瓜去皮、瓤，用清水洗净，切成2厘米见方的块待用。

第三步，锅内加水500毫升，烧开后，先下绿豆煮沸2分钟，淋入少许凉水，再煮沸，将南瓜入锅，盖上锅盖，用文火煮沸约30分钟，至绿豆开花，加入少许食盐调味即可。

功效：

清暑解毒利尿，生津益气。

第四章

秋处露秋寒霜降：秋季的六个节气

第一节
立秋：禾熟立秋，兑现春天的承诺

立秋的阳历时间为每年的8月7日或8日。"立"是开始的意思，"秋"是指庄稼成熟的时期。

【立秋的由来】

立秋，是秋季的第一个节气，太阳到达黄经135°时，它是一个反映季节的节气。据《月令七十二候集解》："秋，揪也，物于此而揪敛也。"这句话的意思是说，立秋不仅预示着炎热的夏天即将过去，秋天即将来临，也表示草木开始结果，收获的季节马上就到了。

古人把立秋看作是夏秋之交的重要时刻，非常重视这个节气。据史料记载，宋时在立秋这一天，宫内要把栽在盆里的梧桐移入殿内，等到立秋时辰一到，太史官就会高声奏道："秋来了！"奏毕，梧桐应声落下一两片叶子，以寓报秋之意。

在古代，人们将立秋分为三候："初候凉风至"，立秋节气过后，我国很多地方开始刮偏北风，给人带来阵阵凉意；"二候白露降"，立秋节气后，昼夜温差开始加大，空气中的水蒸气会在室外的植物上凝结成露珠；"三候寒蝉鸣"，此时的蝉，食物充足，温度适宜，在树枝上得意地鸣叫着，好像告诉人们夏天过去了。

立秋节气是暑去凉来的过渡，也是禾谷成熟的时期，自古就被人们所重视，所以，流传下来很多有趣的传说故事。

远古传说中的秋神名叫蓐收，住在能看到日落的渤山。他的左耳上盘着一条蛇，右肩上扛着一柄巨斧。蛇寓意着繁衍后代，生生不息；巨斧，表明他是一位刑罚之神。众所周知，古时处决犯人都是在立秋之后，叫秋后问斩，因为秋天有杀气。所以，蓐收到来的时候，总带有一股凉意。

【气候特点与农事】

立秋虽然是凉爽秋季的开始，但因我国各地维度、海拔高度等的不同，各个地区进入秋季的时间也不一致。此时，我国很多地方仍处在炎热的夏季，暑气一时难以消除。秋来得最早的黑龙江、新疆北部地区也要到8月中旬才能入秋，9月上半月华北入秋，西南北部、秦淮地区要在9月中旬才能感受到秋意，而岭南地区则要到10月下半月才能暑气顿消。那么，在立秋节气，农民朋友有哪些农事安排与活动呢？

（一）华南地区的农事安排与活动

华南地区的农事安排与活动主要包括以下四项内容：

1. 水稻的管理

立秋时节，华南地区的水稻进入开花、抽穗、结实的关键时期，此时也是多种作物病虫危害集中的一段时间，如稻纵卷叶螟、稻飞虱、水稻三化螟，应做好防治工作。

2. 棉花的管理

棉花开始结铃，进入保伏桃、抓秋桃的重要时期，应及时打顶、整枝、去老叶、抹赘芽，以减少烂铃、落铃，长势较差的棉田要补施一次速效肥，此外还要做好棉铃虫的防治。

3. 茶园的管理

此时，茶园秋耕要尽快跟上，秋挖有去除杂草、疏松土壤、提高保水蓄水的能力，如能同时施肥，则可使秋梢更加健壮。

4. 其他农作物的管理

大豆开始结荚，玉米抽穗吐丝，甘薯薯块迅速膨大，这些农作物对水分的要求都很迫切，要及时灌溉，玉米还应做好玉米螟的防治。

（二）华北地区的农事安排与活动

立秋时节，北方的冬小麦播种要马上开始，应及早做好整地、施肥等筹备工作。大白菜进入播种期，应及时播种。

除此以外，中部地区的早稻开始收割，秋稻开始移栽和进行田间管理。

【农历节日】

农历七月初七是中国的传统节日七夕节，也有人称之为"乞巧节"或"女儿节"，是过去姑娘们最为重视的日子。七夕节始于汉朝。关于七夕节的由来，有一个动人的传说。

相传，牛郎父母早逝，又常常受到哥嫂的虐待，只与一头老牛相伴。有一天，老牛给他出了一个主意，教他如何娶织女做妻子。

按照老牛的指点，牛郎来到了仙女们经常沐浴的银河，见到仙女们都在水中嬉戏，牛郎便偷偷拿走了织女的衣裳，仙女们吓得赶忙穿好衣裳逃走了，只剩下了织女。在牛郎的恳求下，织女答应做他的妻子。

结婚后，牛郎织女相亲相爱，男耕女织，生活得很幸福，织女还给牛郎生下了一对儿女。后来，老牛临死的时候，告诉牛郎一定要把它的皮留下来，危急时刻披上它，会对他大有帮助。老牛死后，牛郎忍痛割下牛皮，将牛埋在了土坡上。

织女与牛郎成亲的事情惹怒了玉帝与王母娘娘，他们命令天神下界抓回织女。天神趁牛郎不在家的时候，抓走了织女。牛郎回家找不到妻子，急忙披上牛皮，担着两个孩子追赶，眼看就要追上了，王母娘娘拔下头上的金簪往银河一划，往日清浅的银河顿时变得波涛汹涌，拦住了牛郎。从此，牛郎与织女只能隔河相望。后来，玉帝与王母娘娘被牛郎织女的感情所打动，准许他们在每年的七月初七这一天相会一次。相传，每年的七月初七，喜鹊就要飞上天，为牛郎织女搭鹊桥相会。据说，七夕夜深人静之时，人们能在葡萄架或其他的瓜果架下听到牛郎织女在天上的情话。

关于七夕的民间风俗，各个地区有一定的差异，北方人多会在七夕节这一天吃饺子、吃巧果，躲在葡萄架下听牛郎织女说悄悄话。南方的一些风俗则不同于北方，以广东为例，我们来看看广东人是如何过七夕节的。

（一）拜七姐

七夕拜七姐这一风俗流行于福建、广东及东南亚一带，这是旧时女儿家的大节日，已婚的女子一般是不能参加的。但广州新娘在过第一个七夕时，要举行一次"辞仙"仪式，即在初六晚上祀神时，除了红蛋、牲醴、酸姜等，还要加上雪梨或沙梨，表示与姑娘节离别之意。

那么，姑娘们是如何过七夕节的呢？节日到来之前，姑娘们会预先准备好彩纸、通草、线绳等，编制成各种小玩意，还会将绿豆、谷种放在小盒子里用水浸泡，使其发芽，等到幼芽长到两寸多长时，用它来拜神，称为"拜神菜""拜仙禾"。

从初六晚上到初七晚上，姑娘们都要穿上新衣服，戴上新首饰，然后焚香点烛，对星空跪拜，称为"迎仙"，从三更到五更，要连拜7次。之后，姑娘们手拿彩线对着灯影将线穿过针孔，如能一口气穿7枚针孔者叫得巧，被称为巧手，穿不到7个针孔的叫输巧。七夕节过后，姑娘们会将制作的小工艺品互相赠送，以表达彼此的情感。

（二）七夕取水

旧时，肇庆人会在七夕节这一天，"落坑洗白白"，到河里担水回家避邪，这是农村常见的七夕仪式。广宁人认为农历七月初七这一天河溪水特别清凉，称之为"七姐水"，父母会叫孩子去河溪里洗身，寓意冲去污浊、强健平安。

相传，农历七月初七这一天，山坑泉水更甘甜，是一年之中水质最好的时候。此时，接取的山泉水用水缸或瓦缸存放，放置一年都不会腐臭。有村民当天会从山里接回来泉水，放入冬瓜浸泡，喝下去具有解毒清热的作用。如有人发生惊风热证等症状，可饮用"七姐水"治病。

（三）用苹婆来供奉

广东民间每年的七月初七都用苹婆来供奉。苹婆来自梵语，相传是唐代三藏法师从西域传入，并因七月初七又是牛郎与七姐（织女）的相聚日，故称之为"七姐果"。苹婆在七月初七前后上市，是岭南的珍稀果品，又称"凤眼果"，上市期仅为半个月，所以，在平时很难吃到。

（四）泡七色花水

在广东惠州有泡七色花水的风俗，人们认为在七夕泡一盆七色花水，能让女人更美。所谓的七色花就是七种花，且必须是没有毒性的花，如茉莉花、玫瑰花、玉兰花、康乃馨等。传说在七夕的午夜，牛郎织女相会，如看见有人把七色花泡的水盆放在露天的地方，就会施下仙水，使有情人终成眷属。

（五）用脸盆接露水

在广东一些地区，还有在七夕用脸盆接露水的习俗。据说这是牛郎织女相会时的眼泪，如抹在手上、眼睛上，能使人眼明手快。用七夕露水给小孩子煎药杀虫，效果非常好。

（六）洗发、染指甲

在四川省诸多县市以及贵州、广东等地，都有七夕节染指甲、洗发的习俗。在这一天，年轻的姑娘会用树的液浆兑水洗头发，传说不仅可以让自己年轻美丽，还可以尽快找到如意郎君。此外，用花草染指甲也是很多女孩子节日娱乐中的一种爱好。

（七）泛舟游石门沉香浦

据《广州市志》记载，七夕节这一天，旧俗有女子泛舟游石门沉香浦的活动。游艇用茉莉花、素馨花装饰，称为花艇，她们认为这一天是"仙女淋浴日"。

【立秋民俗及民间宜忌】

立秋是秋天的第一个节气，自古就被认为是非常重要的一天，所以，在全国各地有很多非常有趣的习俗。

（一）摸秋

农历八月十五是中秋节，这天夜里婚后还没有生小孩的妇女，会在小姑或者其他女伴的陪同下，到田野的豆棚、瓜架下，在黑暗中摸索摘取瓜豆，故名摸秋。如果摸到的是南瓜，就容易生男孩；如果摸到的是扁豆，就容易生女孩；如果摸到的是白扁豆，更加吉利，除了生女孩外，还有白头偕老的好兆头。

按照传统的习俗，在中秋节的夜里，田里的瓜豆是可以任人采摘的，田地的主人是不能责备的；姑嫂回家再晚，家人也不能责备。据说这一习俗在清代之前就有，民国以来仍在民间流传。

在商洛竹林关一带，中秋节的晚上，孩子们会在月亮还没有出来的时候，钻进田地里，摸一样东西回家。如摸到的是瓜果，父母就认为孩子将来会顺顺利利，不愁吃喝；如果摸到葱，父母就认为孩子长大后会非常聪明。

在商南县，中秋节的晚上，人们吃过月饼后，没有男孩的人家会去摸茄子，没有女孩的人家会去摸辣子，小孩不聪明的人家会去摸葱，小孩个子矮的人家会去摸高粱。

（二）秋忙会

秋忙会是立秋习俗之一，一般在农历七八月举行，这是为迎接秋忙做准备的经营贸易大会。有的地方会与庙会活动一起举办，也有单独举办的，目的是变卖牲口，交换粮食，买卖生产工具以及生活用品等，其间还有戏剧演出、耍猴、跑马等节目助兴。

（三）秋田娱乐

立秋之际，虽然农事很忙，但忙中也有很多乐趣，一些青年人和十多岁的孩子，在谷子、糜子、苞谷长起来以后，尤其是苞谷长成一人高，初结穗的时候，正是他们玩耍嬉闹的好场所。他们常把嫩苞谷穗掰下来，在地上做一个土灶，然后把嫩苞谷穗放进去，加火去烧。一会儿苞谷穗都被烧熟了，丰盛的苞谷宴就做好了。

此外，孩子们还会上树掏麻雀蛋、抓野兔，总之凡是能吃的野味都可以在野地的锅里烧制出来。有时他们还把柿子、弄来的红苕放在土灶里，温烧一个时辰，香甜的柿子、红苕就出炉了，这就是秋田里的乐趣，人们就是这样一代代传承下来的。

（四）秋收互助

秋忙开始后，农村有"秋收互助"的习俗，大家互相帮助，三五成群地去田间抢收成熟的玉米。一垄玉米要掰四次，即头茬、二茬、三茬、捞空茬。无论男女老幼，人人手提竹笼，一排接一排，一株接一株，挨个儿去掰，然后将玉米放在地头玉米穗堆子里，用大车拉回家。

头茬先掰已成熟的玉米穗，未成熟的玉米穗，留着二茬再掰。二茬、三茬用同样的办法去掰。最后捞空茬，把剩余的玉米穗不管老嫩统统掰回家。看谁家的玉米成熟得早，先给谁家掰。

（五）秋社

秋社原本是秋季祭祀土地神的日子，始于汉代，后来，将秋社定在立秋后第5个戊日，这个时候秋收已经完毕，官府与民间在这个日子来祭神答谢。

宋时的秋社有饮酒、食糕、妇女归宁之俗。如今，在一些地方，仍流传有"敬社神""煮社粥""做社"之说。

（六）立秋节

立秋节，又叫七月节，在周代，立秋这一天，天子会亲率三公六卿诸侯大夫到西郊迎秋，并举行祭祀少昊、蓐收的仪式。汉代传承了此俗。到了唐代，每到立秋日，都会祭祀五帝。宋代，立秋这一天，男女都会戴楸叶，以应时序，有用秋水吞食小赤豆七粒的风俗，也有用石楠红叶剪刻花瓣簪插鬓边的风俗。

（七）悬秤称人

清朝时，嘉兴的民间流行在立秋日悬秤称人，然后和立夏日所称之数相比，检验肥瘦，体重减轻叫苦夏。那时候的人们认为，只要瘦了，就要补，就是我们俗称的立秋"贴秋膘"。既然是补，一定要吃肉，所以，在立秋这天会吃各种各样的肉，炖肉、烤肉、红烧肉等，进行大补。

（八）祈福

在常州的武进地区，会在立秋这一天举办秋会纪念猛将菩萨，祈求风调雨顺、国泰民安。此外，因古时常州常发生蝗虫灾害，所以，农民会在立秋这一天在稻田里插上三角旗，以驱赶蝗虫。在盐城的民间也流传"争秋夺福"的说法，这个习俗至少有两三千年的历史了。

（九）称水

旧时，宿迁老百姓会在立秋前后用容器装满水，容器的大小要一样，然后对其进行称重。如立秋后的水重，那么，秋天的雨水就多，容易形成秋涝；如立秋前的水重，就说明伏水重，秋天的雨水就少。在淮安，湖上渔民也有立秋称水的习俗，人们根据水质轻重来推测秋水涨落，水重则是不祥之兆，旧有"秋水涨，卖渔网"的说法。

（十）啃秋

啃秋，又叫咬秋，即在立秋这一天吃瓜。天津在立秋这一天会吃西瓜或香瓜，寓意酷热难熬，时逢立秋，将其咬住。江苏各地也有吃西瓜的习俗，据说"咬秋"之后，就可以不生秋痱子。

在浙江一些地区，立秋日会将西瓜和烧酒同食，民间认为可以防疟疾。城里人在立秋这一天会买个西瓜回家，全家围着啃，就算是啃秋了。农人则在瓜棚里、树荫下，席地而坐，抱着西瓜啃，抱着香瓜啃，抱着山芋啃，抱着玉米棒子啃。其实，啃秋抒发的是人们喜获丰收的愉快心情。

（十一）吃"渣"

山东、四川等地区流行立秋吃"渣"，所谓的"渣"是一种用豆末和青菜做成的小豆腐，并有"吃了立秋的渣，大人孩子不呕也不拉"之说，带有治病和祈求一年健康的寓意。

（十二）食秋桃

在浙江杭州一带有立秋日食秋桃的习俗。在立秋这一天，每个人都要吃秋桃，吃完桃子还要把桃子核保留，等到除夕那一天，偷偷地把核桃丢进火炉中烧成灰烬，人们认为这样做可以消除一年的瘟疫。

（十三）吃"福圆"

立秋节气是台湾龙眼的盛产期，人们相信吃了龙眼肉，子孙能做大官。因龙眼又称为"福圆"，故有"食福圆生子生孙中状元"之说。

（十四）立鳅

无锡人有一种有趣的说法，立秋这一天会见立鳅。如秋季有暴风雨，立秋这一天稻田里的泥鳅就会在水中直立。所以，每年的立秋，一些老无锡人都会抓一条泥鳅放在水里，以此来预测秋季会不会有暴风雨。

（十五）食小赤豆

从唐宋时起，就有用井水服食小赤豆的风俗，取7—14粒小赤豆，用井水吞服，服的时候，一定要面朝西，据说可以一秋不犯痢疾。

（十六）吃鸡蛋

立秋这一天，在我国的一些地区有吃鸡蛋的习俗。鸡蛋，有安神养心的功能。

（十七）吃清凉糕

在浙江金华，立秋这一天，除了要吃西瓜外，还要吃清凉糕。什么是清凉糕呢？用番薯淀粉熬成羹状，倒在碗里，等到第二天早上就会结成一整块，将其切成小块，撒上白糖、薄荷、醋，就是所谓的清凉糕。

（十八）吃饺子

东北有句俗语："坐着不如躺着，好吃不如饺子。"在立秋这一天，东北人通常会吃饺子或包子，称之为"抢秋膘"。我抢你碗里的一个饺子，秋天就能体格健壮，补上苦夏时掉的肉。

【饮食起居宜忌】

秋初，虽偶有清风送爽，但依然能感到炎热的余波，此时，人们在饮食起居上应注意以下事项：

（一）朝盐水晚蜂蜜

立秋时节，大家要养成"早上空腹喝一杯凉盐水，晚上睡前喝一杯温蜂蜜水"的习惯。盐水可以有效减缓水分流失的速度，不至于让我们经常感到口干舌燥；蜂蜜则有清热、补中、解毒、润燥等功用。

（二）慎起居

秋天天气干燥，人们应该注意调节空气湿度，昼热夜凉，要注意增减衣被，不因贪凉而露卧，尽量少使用空调、风扇。

（三）勤锻炼

早秋时节，天气还比较炎热，可以选择在早晨或者傍晚进行锻炼，比如打太极拳、练气功、干梳头、叩齿等方法，都是秋季保健的好方法，都能通过锻炼来调动体内的积极因素，从而起到御邪抗病的作用。

（四）调节饮食

在这个时节，饮食应侧重滋阴养肺，适量饮用白开水、淡茶、豆浆等，并适当选择一些具有润肺清燥、养阴生津作用的食物，如柚子、葡萄、百合、银耳、梨等。要少食辛辣、油炸食品，以免生燥化热，影响身体健康。

【健康食谱】

立秋，天气稍微转凉，但天气依然很热闷，应该注重养肺。下面推荐两个食谱供大家参考。

蛤蜊百合

配料：

百合100克，鲜蛤蜊肉200克，葱、姜、料酒、醋、高汤等适量。

做法：

第一步，蛤蜊用温水洗净晾干（干品须浸泡）。

第二步，蛤蜊加料酒、醋后取出，与百合入油锅中爆炒，再下姜、葱、高汤同煮即可。

功效：

滋五脏之阴，清虚劳之热。

冰糖鸭蛋羹

配料：

鸭蛋2只，冰糖适量。

做法：

第一步，先将冰糖用温水溶化。

第二步，将鸭蛋打入装冰糖水的碗内，调匀，隔水蒸15分钟左右即可。

功效：

滋阴清热。

第二节

处暑：处暑出伏，秋凉来袭

处暑的阳历时间为每年的8月23日前后。"处"含有躲藏、终止之意，"处暑"表示炎热的暑天结束了。

【处暑的由来】

太阳到达黄经150°时是处暑节气，它是反映温度变化的一个节气。《月令七十二候集解》说："处，去也，暑气至此而止矣。"处暑以后，我国大部分地区的气温逐渐下降，天气由炎热向寒冷过渡。

我国古时将处暑分为三候："一候鹰乃祭鸟"是指处暑节气中老鹰开始大量捕猎鸟类；"二候天地始肃"是指天地间万物开始凋零，充满了肃杀之气；"三候禾乃登"的"禾"指的是黍、稷、稻、粱类农作物的总称，"登"即成熟，意思是说开始秋收了。

民间传说处暑与祝融有关，祝融是炎帝的儿子、精卫的长兄，因能"光照万方"，深得人们的爱戴。因精卫贪玩溺亡于东海，导致炎帝因悲伤无心打理政务，便把部族权力交给了祝融。黄帝部族与炎帝部族合并后，祝融被封为火神，成为炎黄部族最主要的大臣之一。

在黄帝以及其他大臣的辅助下，祝融越来越有威信，招致水神共工的嫉恨。共工公开向祝融挑战，两人各使神通，进行了一场殊死搏斗。最终共工战败，在逃跑的过程中撞倒了擎天柱不周山，致使天塌地陷、尸横遍野。

黄帝迫于部族长老的压力，含泪处死了祝融，祝融也后悔因自己的鲁莽给天下带来的灾祸，请求黄帝留存自己的魂魄，寄托在莲花上，沿河漂流，召领死难的亡灵，以赎罪孽。因祝融主理夏暑季节，所以，处死祝融的这一天就被称为"处暑"。处暑这一天，人们会到河边燃放"河灯"，恭请祝融魂魄在莲花之上，寄托对故去亲人的思念。

【气候特点与农事】

处暑时节，气候呈现出四大特点：一是气温下降；二是秋高气爽，尤其是在雨后，人们能明显感受到天气转凉；三是秋老虎，在长江中下游地区往往要在秋老虎天气结束后，才会迎来秋高气爽的天气；四是雷暴天气较多，在华南、西南、华西，进入9月后雷暴活动虽然没有夏季活跃，但仍较多。在这样的气候条件下，农民朋友的农事活动与安排有哪些呢？

（一）做好蓄水工作

处暑时节，华南雨量分布不均，此时是由西多东少向东多西少转换的前期，华南中部雨量往往比大暑或白露时多，为了保证冬春农田用水，这个时候应抓紧蓄水。

（二）做好中稻的收割工作

处暑时节，南方大部分地区正是收获中稻的大忙时节，华南日照较为充足，除华南西部以外，降雨的日子不多，对中稻的割晒以及棉花吐絮大有好处。不过，也有秋雨提前到来的可能，所以，应做好充分的准备，利用天晴，做好抢收抢晒。

（三）追施穗粒肥，适时烤田

在这个时节，华南的一些地区要追施穗粒肥，以保证谷粒饱满，值得注意的是，追肥时间不可太晚，以免造成迟熟。双季晚稻将要圆秆，要适时烤田。

（四）棉花的管理

此时，大部分棉区的棉花已结铃吐絮，因气温仍较高，加之阴雨寡照，容易引发大量烂铃。在精细整枝、推株并垄及摘去老叶、改善通风透光条件的时候，应适时喷洒波尔多液，以防治烂铃。

（五）保证充足水分

处暑前后，夏山芋开始结薯，春山芋薯块膨大，夏玉米抽穗扬花，这些农作物都需要充足的水分保障，应及时灌溉。

【农历节日】

中元节，为每年的七月十五，俗称"鬼节""七月半""施孤"，佛教称为盂兰盆节。中元节与除夕、清明节、重阳节是中国传统的祭祖大节。民间自古就有阳间过元宵阴间过鬼节的说法，据说，在七月十五这一天，阎王会披着盛装和众鬼共度佳节，并且让活着的人一起为他们祝福，祝福另外一个世界的人们心想事成，享受没有在人间享受到的幸福。

中元节源于目连救母的故事。相传，佛祖释迦牟尼在世时，收了10个徒弟，其中有一个叫目连的修行者，在得道之前父母就已经去世了。因挂念死去的母亲，他便用天眼通去察看母亲在地府生活的状况，发现母亲已变成饿鬼，连吃的喝的都没有，十分凄惨。

目连看后很是心痛，便用法力将一些饭菜拿给母亲吃，可是饭菜一送到母亲嘴边，就会立刻化为火焰。于是，他将情况告诉了释迦牟尼，释迦牟尼告诉目连，因为他的母亲在生前种下了很多罪孽，所以，死后被坠入了饿鬼道中，万劫不复，这孽障不是靠连目一个人就可以化解得了的，必须集合众人的力量。

目连便连同众高僧，举行盛大的祭拜仪式，以超度一众亡魂。后来，目连救母的传说流传后世，逐渐形成一种民间习俗，每到农历七月中，人们都会杀鸡宰羊、焚香烧衣，拜祭由地府出来的饿鬼，以化解其怨气，使其不祸害人间，久而久之，就有了鬼节的风俗。那么，鬼节都有哪些风俗呢？

（一）烧幽

在旧俗中，除了十月初一和清明节，中元节时官府也会置备酒肉羹饭，以祭祀本府全境无人祭祀的鬼神。民间则把这一天叫作鬼节，傍晚以后，人们在门旁路口各自焚烧纸钱，广州俗称烧幽，宜兴称为做野羹饭。

（二）放河灯

河灯，又叫"荷花灯"，通常是在底座上放灯盏或蜡烛，在中元节这天夜里放在江河湖海中，任其漂浮，目的是普度落水鬼和其他孤魂野鬼。

（三）烧街衣

烧街衣是香港保存至今的民俗。一进入农历七月，人们就会在天黑后，带上金银衣纸、香烛，以及一些祭品，如白饭、豆腐等，在路边进行拜祭，目的是让那些无依的孤魂有衣物穿，有食物吃。

（四）烧袱纸

烧袱纸是四川的民俗。所谓"烧袱纸"，是指将一叠纸钱，封成小封，上面写上收受人的称呼、姓名，收受的封数，化帛者的姓名及时间。

（五）放天灯

鬼节这一天放天灯，民间有两种说法。一种说法是人们希望逝去的先人都能进入极乐世界，在这一天放天灯，是为在阴间准备升入极乐世界的先人照亮升天的道路。

另一种说法是，把自家的小鬼用天灯放出去，将霉运带走，而且是越远越好，让小鬼永远回不来。此时，大家都很忌讳别人家的天灯落在自家，如果落下来，一定会重新放出去。

（六）祭祖

民间认为，祖先会在七月十五这一天返家探望后代，所以要祭祖。因中元节原是小秋，人们便会用新米等祭供，向祖先报告秋成。祭拜的仪式通常在七月底之前的傍晚时分举行，并不局限于特定的一天。

（七）祭祀土地、庄稼

农历七月十五，一些地方的民间盛行祭祀土地、庄稼，将供品撒进田地，烧纸以后，再剪一些碎条的五色纸缠绕在农作物的穗子上，人们认为这样可以避免冰雹，获得丰收。有些地方还要到土地庙进行祭祀。

（八）面塑

农历七月十五，民间妇女盛行面塑活动，尤其是晋北地区，一家蒸花馍，左右邻居都会帮忙。首先根据家中的人数，给每个人先捏一个大花馍，送给小辈的花馍捏成平形，称为面羊，寓意是羊羔有跪乳之恩，希望小辈莫忘父母的养育之恩；送给平辈的花馍，要捏成鱼形，称为面鱼，寓意年年有余；送给长辈的花馍要捏成人形，称为面人，寓意儿孙满堂、福寿双全。

（九）吃濑粉

在中元节这一天，东莞人会吃濑粉，这一习俗在整个东莞都通用，不过，不同片区吃濑粉的方法不同。

（十）吃鸭

我国很多地方都会在鬼节这一天吃鸭子，因为"鸭"就是"压"，取其谐音，人们认为吃鸭子能压住鬼魂。东莞人一般会吃莲藕煲鸭。

（十一）做茄饼

民间认为，茄饼是已故祖先前往盂兰盆会的干粮，老南京人在这一天会做茄饼，即把新鲜茄子切成丝，和上面粉，用油煎炸。

除此之外，韶关曲江区瑶族人会在鬼节这一天祭祖，又祭狗头王，以小男童及女童穿花衣歌舞酬神；澄海人中元节会祭祖先及灶神；德庆县以冬叶裹粉做饼，名为"架桥"，用来祭祖。

【处暑民俗及民间宜忌】

处暑是秋天的第二个节气，天气开始由热转凉。关于处暑节气，民间有一些有趣的风俗，下面的这些风俗大家是否了解呢？

（一）祭祖、迎秋

处暑节气前后的民俗多与祭祖及迎秋有关。以前，民间从七月初一开始，就有开鬼门的仪式，一直到月底关鬼门才结束。在此期间，会举行普度布施活动。相传该活动从开鬼门开始，然后竖灯篙、放河灯招致孤魂，其重要的一项是搭建普度坛，架设孤棚，穿插抢孤等，最后以关鬼门结束。

（二）开渔节

处暑之后是渔业收获的好时节，每到处暑节气，在浙江沿海一带都要举办隆重的开渔节，日期为东海休渔结束的那一天，欢送渔民开船出海。开渔节的主要内容有千舟竞发仪式、千家万户挂渔灯、海岛旅游、特色产品展销、地方民间文艺演出、文艺晚会专场等活动。

（三）拜土地爷

处暑时节是农作物收成的时刻，农家会举行各种仪式来拜谢土地爷，有的把旗幡插到田间表示感恩；有的从田里干活回家连脚都不洗，生怕把到手的丰收给洗掉；有的杀牲口到土地庙祭拜。定襄县有在门首悬挂麻、谷的习俗。

（四）煎药茶

煎药茶的习俗始于唐代，在处暑期间，每家每户都会煎凉茶，先去药店配制药方，然后在家中煎茶备饮，寓意是入秋要吃点"苦"。

在二十世纪六七十年代，一些城市的街头有专门卖酸梅汤的茶摊，有谚语曰："处暑酸梅汤，火气全退光。"制作酸梅汤非常简单，晚上用开水冲泡晒干的梅子，再加入冰糖，煮好放凉后，装进木制有盖的冰桶中，使其降温。

（五）吃鸭子

民间有处暑吃鸭子的传统，鸭子的做法五花八门，有子姜鸭、烤鸭、荷叶鸭、核桃鸭、白切鸭、柠檬鸭等。如今，北京依然保留着处暑吃鸭子的习俗，每到这一天，北京人都会到饭店里买处暑百合鸭等。

（六）食龙眼配稀饭

在处暑食龙眼配稀饭，这是老福州人的生活习俗。夏天天气热，人体消耗了不少热量，吃龙眼能补充热量，老一辈人的吃法是剥一碗龙眼，混着稀饭一起吃。

此外，老福州人还会吃白丸子。白丸子其实就是糯米丸，将糯米粉搓成颗粒，煮汤，加点糖，味道清甜。

关于处暑的禁忌，江苏一带有谚语云："处暑若逢天不雨，纵然结实也无收。"意思是说，处暑天不下雨不利于丰收，而河南鹿邑一带，则忌处暑日下雨。

【饮食起居宜忌】

处暑，夏天渐远，秋天即到，气温进入了显著变化的时期，此时人们在饮食起居方面应注意以下几点：

（一）调整作息时间

进入处暑，首先要调整的就是睡眠时间，处暑后天气变凉，就应改变夏季晚睡的习惯，尽量在晚上10点前入睡，睡眠时间比夏季要长1小时。

（二）饮食应清补

处暑时节，应多吃一些寒凉多汁的蔬果，如冬瓜、百合、白萝卜、黄瓜、西红柿、胡萝卜及梨、苹果、罗汉果等，既能补充维生素，又能增加水分的摄入。

（三）运动应适度

秋天养"收"，故不宜做运动量较大的运动，尤其是老年人、孩子和体质虚弱者，宜选择轻松平缓、活动量不大的项目，以防出汗过多，耗损阳气。

（四）情绪宜平和

在秋主"收"的原则下，情绪应慢慢收敛，不能大喜大悲，维持心性平稳，注意身、心、息的调整，才能保生机元气。

【健康食谱】

处暑是秋天的第二个节气，此时天气仍然较热，要怎么合理安排日常的饮食呢？

鸡蓉鹌鹑蛋

配料：

鹌鹑蛋20只，鸡胸肉150克，火腿末10克，鸡蛋3个，鸡汤500

毫升，料酒30克，味精、精盐适量，湿淀粉50克，食用油80克。

做法：

第一步，鹌鹑蛋煮熟剥去壳，鸡蛋去黄留清。

第二步，鸡胸肉洗净剥去筋打成蓉泥，放入碗中，用料酒、精盐、湿淀粉15克、蛋清和30毫升清水搅匀调成鸡蓉。

第三步，净锅置火上，注入鸡汤，放入鹌鹑蛋、精盐、味精烧开，用35克湿淀粉勾芡；把鸡蓉徐徐倒入搅匀，待鸡蓉受热稠浓时放入油渗进鸡蓉，盛入大平盆，撒上火腿末即成。

功效：

补益气血。

莲子牛肚

配料：

莲子40粒，牛肚1个，香油、食盐、葱、生姜、蒜、酱油各适量。

做法：

第一步，将牛肚洗净，然后把去心的莲子装在牛肚内，用线缝合，放锅中加水清炖至熟。

第二步，将牛肚切成丝，与莲子共置盘中，葱、姜、蒜洗净切成粒，加食盐、酱油、香油拌匀即成。

功效：

补脾益胃，养心安神。

第三节

白露：白露含秋，滴落乡愁

白露的阳历时间为每年的9月7日前后。"水土湿气凝而为露，秋属金，金色白，白者露之色，而气始寒也。"

【白露的由来】

当太阳到达黄经165°时交白露节气，白露是秋天的第3个节气，表示孟秋时节的结束和仲秋时节的开始。白露以后，天气逐渐转凉，白天时阳光和煦，人们依然感到暖意。太阳下山后，气温会迅速下降，人们会感到阵阵寒意。到了夜间，空气中的水汽便遇冷凝结成细小的水滴，密集地附着在花草树木的叶子或者花瓣上，当早晨太阳升起的时候，经阳光照射，晶莹剔透，洁白无瑕，非常漂亮，因而得名"白露"。

古时，人们将白露分为三候："一候鸿雁来"，按照古人的说法，鸿大雁小，是两种不同的鸟，鸿雁二月北飞，八月南飞；"二候玄鸟归"，玄鸟是燕子，燕子春分来，秋分去，是北方的鸟，南飞带来生机，如今北飞为归，说明秋季到了；"三候群鸟养羞"，"羞"同"馐"，是美食之意，意思是说，诸鸟感知到了肃杀之气，纷纷储备食物，准备过冬，如藏珍馐。

【气候特点与农事】

白露时节，我国北方地区降水减少，云淡风轻，气温不冷不热，非常舒适，但昼夜温差加大，华东地区的平均日较差为5—9℃，华北地区为10—15℃，中南地区为7—12℃，西北和东北的日较差甚至能达到18—20℃。早晚的时候，人们能够明显感觉到阵阵寒意。

除了气温的变化外，雨水的变化也是白露时节的一个显著气候特点。如长江中下游地区的伏旱，华南地区、华西地区的夏旱，得不到秋雨的补充，都可能形成夏秋连旱，农作物的生长大受影响，而我国北方部分地区，如华北、西北等，秋季降水本来就偏少，如出现严重的秋旱就会大大影响收成。

那么，在白露时节，农民朋友应该做好哪些农事安排与活动呢？

（一）华南东部要做好蓄水工作

华南东部的白露是继小满、夏至后又一个雨水较多的节气，此时，要抓住这个大好机会，做好蓄水工作。

（二）华南地区要抓紧抢收农作物

白露既是收获的季节，也是播种的季节，此时，要抓紧时间抢收农作物，否则赶上下雨阴天，庄稼就会腐烂，特别是华南地区，更应做好抢收工作，并注意防雨。

（三）黄淮地区、江淮及以南地区做好灌溉，防治病虫害工作

黄淮地区、江淮及以南地区单季晚稻已扬花灌浆，双季双晚稻也要抽穗，此时要抓紧浅水勤灌。如遇低温阴雨，要采取相应措施，减轻或避免秋雨灾害。此外，还应抓紧防治稻瘟病、菌核病等病害。

（四）北方要做好秋收、播种的准备工作

东北、西北地区的冬小麦开始播种，华北的秋种即将开始，此时应做好送肥、耕地、防治地下害虫等农耕工作。

有些地区为了防止秋播作物时水分流失过快，会采用塑料地膜覆盖，既可以保持水分又可以提高地温，使种子发好芽，提高种子的成活率，为小麦长壮顺利过冬提供有利条件。

【白露民俗及民间宜忌】

白露，气温渐凉，民间的很多习俗也与白露时节的气候特点有关。下面就让我们来看一看白露时节有哪些民间习俗。

（一）喝白露米酒

苏南和浙江有自酿白露米酒的习俗。在以前，苏浙一带的乡下人，每年到了白露节气的时候，家家户户都会酿酒，用来招待客人。白露米酒是用糯米、高粱等五谷酿成，乡下人常常把白露米酒带到城市，直到二十世纪三四十年代，南京城里的一些酒店还有零售的白露米酒，后来渐渐消失了。

（二）吃鳗鱼

从白露节气开始，老苏州人会吃鳗鱼，此时的鳗鱼最肥美，故苏州有"白露鳗鲡霜降蟹"的说法。另外，在瓯江口外的洞头岛，这一天也会吃鲜鳗鱼熬白萝卜。

（三）饮白露茶

什么是白露茶呢？就是白露后秋分前采摘的茶叶，老南京人十分热衷饮白露茶。白露前后是茶树生长的最好时期，白露茶不会像春茶那样鲜嫩不耐泡，也不会像夏茶般苦涩，而是甘醇清香，爱喝茶的人都十分喜欢饮用。

（四）吃龙眼

福州有"白露必吃龙眼"的传统习俗，人们认为在白露这一天吃龙眼，能大补身体。据说，白露时候吃一颗龙眼相当于吃一只鸡，且不说是否有这么大的功效，可以肯定的是，此时的龙眼个大、核小、味甜、口感好，吃龙眼最好不过了。

（五）吃番薯

在浙江文成县，有白露吃番薯的习俗，人们认为此时吃番薯能使一年吃番薯丝和番薯丝饭后，胃不发酸。

（六）推燕车

在山东省郯城县，民间有"白露到，娃娃推着燕车跑"的传统习俗。在白露这一天，每家每户都制作出能发出悦耳声响的小燕车，孩子们推着燕车四处奔跑，一来可以抵御寒冷，二来可以增强体质。

（七）白露节

浙江温州等地有过白露节的传统习俗，苍南、平阳等地的人会在白露这一天采集"十样白"，以煨乌骨白毛鸡滋补身体，也可以煨鸭子，这"十样白"是十种带"白"字的草药，如白毛苦菜、白木槿等，据说食后可滋补身体，去风气。

（八）祭禹王香会

每到白露时节，是太湖人祭禹王的日子，禹王是传说中的治水英雄大禹，太湖人称之为"水路菩萨"。每年的正月初八、清明、七月初七、白露时节，太湖人都会举行祭禹王的香会，其中以清明、白露两祭的规模最大，时间长达一周。在祭禹王的同时，还会祭花神、蚕花姑娘、姜太公、土地神等。在活动期间，会必演一台戏——《打渔杀家》，以寄托人们对幸福生活的期盼。

白露时节，民间最忌讳的就是下雨，一般习俗认为白露节下雨，雨下在哪里，就苦在哪里。有句农谚是这样说的，"白露前是雨，白露后是鬼"。

【饮食起居宜忌】

白露是整个一年中昼夜温差最大的一个节气，在这个时节，人们在饮食起居时应多注意以下事项：

（一）早晚多添衣

"白露秋分夜，一夜冷一夜"，意思是说，白露过后，天气明显凉了，很容易诱发伤风感冒，此时要注意保暖，早晚多添衣。

（二）饮食应当以健脾润燥为主

白露之后，人们易出现口干、咽干、皮肤干燥等症状，这就是典型的"秋燥"，所以，人们的饮食应以健脾润燥为主，宜吃性平味甘或甘温之物。此外，不宜过饱，以免增加肠胃负担，导致肠胃疾病。

（三）睡卧不可贪凉

白露时节，虽然白天的气温仍可达30℃左右，但夜晚较凉，昼夜温差较大，若下雨气温下降会更加明显，因此，夜晚睡觉时一定要注意，切不可贪凉。

（四）锻炼身体要动静结合

白露时节，要加强身体锻炼，适当增加户外运动，如老年人可慢跑、打太极拳；中青年人可跑步、打球、爬山等。在运动锻炼的同时，还应配合一些"静功"，如闭目养神，做到动静结合。

【健康食谱】

白露时节是真正的凉爽季节的开始，此时是"贴秋膘"的好时候。下面推荐两款适合白露节气的食谱，供大家参考。

莲子百合煲

配料：

莲子、百合各30克，精瘦肉200克，精盐、味精适量。

做法：

第一步，莲子、百合清水浸泡30分钟，精瘦肉洗净，置于凉水锅中烧开捞出。

第二步，锅内重新放入清水，将莲子、百合、精瘦肉一同入锅，加水煲熟，可适当放些精盐、味精调味。

功效：

清润肺燥，止咳消炎。

柚子鸡

配料：

柚子1个，公鸡1只，精盐适量。

做法：

第一步，公鸡去毛、内脏洗净，柚子去皮留肉。

第二步，将柚子放入鸡腹内，再放入气锅中，上锅蒸熟，出锅时加入精盐调味即可。

功效：

补肺益气，化痰止咳。

第四节
秋分：秋色平分，碧空万里

秋分的阳历时间为每年的9月23日前后，"分"即为"半"。

【秋分的由来】

太阳到达黄经180°时，进入秋分节气，"秋分"与"春分"一样，是古人最早确立的节气。秋分有两层意思：一是按照我国古代以立春、立夏、立秋、立冬为四季开始划分四季，秋分正好居于秋季90天之中；二是秋分日一天24小时昼夜平分，均为12小时。秋分日，阳光几乎直射赤道，从这一天以后，阳光直射位置开始南移，北半球昼短夜长。

我国古代将秋分分为三候："一候雷始收声"，古人认为雷是因阳气盛而发声，秋分后阴气开始旺盛，就不会再打雷了；"二候蛰虫坯户"，"坯"字是细土，意思是说因天气变冷，蛰居的小虫开始藏到洞穴中，并且用细土将洞口封闭起来，以防止寒气侵入；"三候水始涸"，此时降水量开始减少，因天气干燥，水汽蒸发快，河流湖泊中的水量变少，甚至一些低洼之处开始干涸。

【气候特点与农事】

进入秋分节气，白天逐渐变短，黑夜变长，昼夜温差逐渐加大，幅度将高于10℃以上，气温逐日下降，一天比一天冷。我国长江流域及其以北的广大地区，日平均气温都降到了22℃以下。我国大部分地区，包括江南、华南地区的降雨日数和雨量进入了降水减少的时段，河湖的水位开始下降，有些季节性河湖甚至会出现干涸。

秋分后，棉吐絮，烟叶黄，正是收获的时节，广大农村进入了秋收、秋耕、秋种的"三秋"大忙阶段，其农事安排与活动主要有以下几项：

（一）及时抢收秋收作物

"三秋"大忙贵在"早"，及时抢收秋收作物，可避免早霜冻和连阴雨的危害。

（二）中稻加强后期水浆管理

中稻加强后期水浆管理，应采用干湿相间的灌溉技术，收获前断水不宜过早，通常收获前5—6天断水为宜，既能提高根系活力，养根保叶，又能防止青枯逼熟、早衰瘪谷。

（三）双季晚稻的管理

南方双季晚稻正抽穗扬花，是提高产量的关键时期，要防止"秋分寒"对双晚稻开花结实的影响，必须认真做好防御工作。

（四）蔬菜的播种

秋分时节，秋马铃薯、洋葱、青菜、蒲芹、黄芽菜、茼蒿、菠菜、大蒜等应播种定植。此时，应加强田间管理，以延长采收供应期。

（五）采摘新棉

适时分期采摘新棉，坚持"四分四快"，即分收、分晒、分藏、分售和快收、快晒、快捡、快售，以提高棉花品质。

除此之外，还要做好家畜秋季配种，继续加工贮藏青粗饲料，做好畜禽秋季防疫，加强成鱼饲养管理。

【农历节日】

中秋节，时在农历八月十五，因恰值在三秋之半，故而得名，又称仲秋节、八月节、拜月节、女儿节或团圆节等，始于唐朝初年，盛行于宋朝，到了明清时期，成为与春节齐名的中国主要节日之一。关于中秋节的传说，有很多动人的故事，如吴刚折桂、嫦娥奔月、朱元璋与月饼起义等。

传说一：吴刚折桂

相传，月亮上的广寒宫前的桂树枝叶繁茂，高达500多丈，树下有一个人经常砍伐，可每次砍下去之后，被砍的地方又重新长出来，几千年来，不断地砍，却无法将这棵桂树砍光。据说，这个砍树的人叫吴刚，是汉朝人，曾跟随仙人修道，到了天界，但因犯了错误，仙人就把他贬到了月宫，整日做这徒劳无功的苦差事，以此来惩罚他。

传说二：嫦娥奔月

相传，远古时候天上有10个太阳，炎热的天气让百姓生活非常困苦，一个名叫后羿的人，一口气射下9个太阳，并严令最后一个太阳按时起落，为百姓造福。后羿因此受到百姓的爱戴，后来娶了一个美丽善良的妻子，名叫嫦娥。后羿除了传艺狩猎外，终日和妻子相伴，夫妻恩爱，羡煞旁人。

向后羿拜师学艺的人中有一个叫蓬蒙的人，此人心术不正。一天，后羿巧遇王母娘娘，便向她求得一服长生不老药，据说，服下此药，能立即成仙。但后羿舍不得妻子，便将药交给嫦娥珍藏。此事被小人蓬蒙得知，他想偷吃长生不老药，便趁着后羿率众徒外出狩猎之时，假装生病，借此闯入内宅后院，威逼嫦娥交出长生不老药。情急之下，嫦娥将药吞了下去，身子立时飘离地面，向天上飞去。因嫦娥牵挂着丈夫，便飞落到离人间最近的月亮上成了仙。

后羿回家后，得知此事，既惊又怒，想杀了恶徒，可蓬蒙早逃走了。后羿悲恸欲绝，仰望着夜空呼唤爱妻的名字，这时他惊奇地发现，那晚的月亮格外皎洁明亮，而且有个晃动的身影酷似嫦娥。他拼命朝月亮追去，可是他追3步，月亮退3步；他退3步，月亮进3步，无论怎样努力，都追不到跟前。

后羿因思念妻子，派人到嫦娥喜爱的后花园里，摆上香案，放上她平时最爱吃的蜜食鲜果，遥祭在月宫里眷恋着自己的嫦娥。百姓得知嫦娥奔月成仙的消息后，纷纷在月下摆设香案，向善良的嫦娥祈求吉祥平安。从此以后，中秋节拜月的风俗便在民间传开了。

传说三：朱元璋与月饼起义

中秋节吃月饼始于元代。当时，中原人民不堪忍受元朝统治阶级的残暴，纷纷起义。朱元璋联合各路反抗力量准备起义，但官兵搜查得十分严密，使信息无法传递出去。军师刘伯温想出了一个主意，让人把写有"八月十五夜起义"的字条藏在了饼子里面，再派人分头传送到各地起义军中，通知他们在八月十五晚上起义响应。

到了起义的那天，各路义军一齐响应。很快，徐达就攻下元大都，起义成功了，朱元璋高兴得连忙传下口谕，在即将来临的中秋节，军民同乐，并将当年起兵时以秘密传递信息的"月饼"作为节令糕点赏赐给群臣。从那以后，中秋节吃月饼的习俗便在民间流传开来。

中秋节自古便有赏月、祭月、拜月、吃月饼等习俗，流传至今，经久不息。下面就让我们来看一看广东有哪些中秋习俗。

（一）树中秋

树中秋是旧时广州的习俗。每到中秋节，每家每户都要用竹条扎灯笼，到了晚上在灯内点上蜡烛，下面再连接很多小灯，将灯笼横挂在短杆中，再竖起在高杆上。孩子们常常互相比赛，看谁竖得高、竖得多。

另外，还有放天灯的。用纸扎成大型的灯，灯下燃烛，热气上腾，使灯飞在空中。还有儿童手提的各式花灯在月下嬉戏玩耍。

（二）耍禄仔

在过去，"耍禄仔"是中秋节十分流行的儿童游戏，用柚子皮刻通花，中间可悬灯，儿童提着到处游乐，边走边唱《耍禄歌》："耍禄仔，耍禄儿，点明灯。识斯文者重斯文，天下读书为第一，莫谓文章无用处，古云一字值千金，自有书中出贵人……"

（三）照月

在东莞，人们相信"月老为媒"，凡家中有成年男女而无意中人者，就会在中秋夜的三更时，在月下焚香燃烛，祈求月老为其撮合。相传中秋之夜，静沐月光，可使妇女怀孕。所以，在一些地区，每到中秋月夜，久婚不育的妇女就会走出家门，沐浴月光，希望早生贵子，称之为"照月"。

（四）拜月光

广府地区中秋节俗称"月光诞"，在这一天晚上，一家人吃完团圆饭后，必须摆上果品进行"拜月光"的仪式，摆上供桌，焚香礼拜。贡品除月饼外，还有柚子、香蕉、阳桃、油甘子、芋头、柿子等。

（五）舞叶龙

旧时，在广州西村、增埗、南岸一带，每到中秋节晚上都有舞叶龙的习俗。用榕树枝叶扎成一条三四丈长的青龙，用两个芋头做龙眼，再用两条树丫做龙角，由十几个后生仔举着龙舞在大街上边舞边唱，孩子们提着彩灯，跟在后面，众人争着拜龙，把点着的香烛插在叶龙身上。

（六）吃团圆饭

老广州人的中秋从"吃团圆饭"开始，中秋这一天，外出的人要赶回家，在月亮初升之时，围坐在一起吃团圆饭，寓意"月光团圆"。团圆饭中必有一道"圆蹄"，所谓"圆蹄"，是用发菜、冬菇之类的焖烧猪蹄，取"团圆"之意。

（七）吃月饼

广东潮汕各地有中秋拜月的习俗，参与者主要是妇女与孩子，因有"男不圆月，女不祭灶"之说。中秋节晚上，在月亮刚刚升起来的时候，妇女们便在院子里、阳台上设案当空祷拜，桌上摆满佳果和饼食作为祭礼。

当地还有中秋吃芋头的习惯，潮汕有俗谚："河溪对嘴，芋仔食到。"8月是芋头的收成时节，农民常用芋头来祭拜祖先。人们认为，吃芋头能辟邪消灾，因为芋头是多子的生物，而且母芋头总和一窝小芋头同生在一处，象征母子团圆。粤语"芋头"又与"护头"谐音，所以，人们用吃芋头表示合家团圆平安之意。

（八）赏月吃月饼

客家人称中秋节为八月节或八月半。每逢中秋圆月升起时，客家人便早早在庭院、楼台对着月亮升起的地方，摆出花生、月饼、柚子等果品，准备"敬月光"活动。

（九）吃柚子

柚子外形浑圆，象征团圆，"柚"与"佑"又是谐音，代表希望月亮护佑的美好心愿，使得柚子成为中秋节必不可少的食物。时至今日，在广东中秋吃柚子依然是一个传统。

（十）吃菱角

如果家中有小孩，中秋节要吃的食物还会有菱角。中秋节给小孩吃菱角，有"聪明伶俐"之意。

（十一）炒田螺

在广州民间，中秋期间都会吃炒田螺。人们认为，中秋田螺可以明目，且最肥美。一家人聚在一起，拿着田螺，对月一举，再送到嘴边一啜，就是"对月啜螺肉，越啜眼越明"。

【秋分民俗及民间宜忌】

自古以来，人们就非常重视秋分节气，在这个节气各地都有不同的风俗。下面就让我们来看看一些秋分的风俗。

（一）祭月

古时，秋分是传统的"祭月节"，有"春祭日，秋祭月"的说法。据史料记载，最初的"祭月节"是定在秋分这一天的，但因这一天不固定，不一定保证每年的秋分都有圆月，才将"祭月节"的时间由秋分调到了中秋。

史书记载，早在周朝的时候，古代帝王就有春分祭日、夏至祭地、秋分祭月、冬至祭天的习俗。祭祀的场所分别称为日坛、地坛、月坛、天坛，分设在东、南、西、北四个不同的方向。时至今日，全国各地还遗存着很多"拜月亭""拜月坛""望月楼"。民间的祭月习俗因地区不同也有一定的差别。

1. 北京的祭月习俗

北京的月坛修建于明嘉靖年间，是专为皇家祭月而建。北京祭月有一个特别的风俗，即"唯供月时，男子多不叩拜"，这就是民谚所说的"男不拜月"。

2. 南昌的祭月习俗

南昌有句老话曰："男不拜月，女不祭灶。"意思就是说，男子不能参加拜月。这是受古代男尊女卑思想的影响，男人是不能给女人下跪的，而月宫里的嫦娥是女子，所以，男人不能参加拜月。

3. 杭州祭月风俗

杭州把祭月称为"斋月宫"，民间供小财神，大不盈尺，并设有台阁、几案、盘匜、乐器、衣冠等物件，将以上物件均缩小为寸余，俗称"小摆设"。

4. 广东祭月

广东人祭月时，祭拜的是一位木雕的凤冠霞帔的月亮神像，在南方的一些地区会用芋头做贡品。相传元末农民起义推翻元朝的统治后，曾用元朝统治者的头祭月亮，因"元"与"芋"的音相近，后人便用"芋"代头。

（二）吃秋菜

在岭南地区，有"秋分吃秋菜"的习俗。秋菜是一种野苋菜，乡人称之为"秋碧蒿"。在秋分这一天，全村人都会去田间采摘秋菜，然后将采回来的秋菜与鱼片滚汤，名曰秋汤，以祈求身体健康、家宅安宁。

（三）竖蛋

"秋分到，蛋儿俏"，每年的春分或者秋分这一天，我国很多地方的人都会玩"竖蛋"的游戏，将一个鸡蛋轻轻地竖放在桌子上，能站住者为赢。

那么，为什么春分或秋分这一天鸡蛋容易竖起来呢？众说纷纭，有人认为春秋分时节，天气晴朗，人们的心情舒畅，动作也利索，所以"竖蛋"容易成功；也有人认为春分、秋分是南北半球昼夜等长的时刻，地球地轴和公转轨道平面处于相对平衡的状态，故而竖蛋较容易。

（四）粘雀子嘴

在秋分这一天，农民会按照习俗放假，每家每户都会吃汤圆，并把煮好的汤圆用细竹叉戳着放在田边地头，名曰粘雀子嘴，免得雀子来破坏庄稼。在一些地区，春分日也有粘雀子嘴的习俗，都是为了期盼有一个好的收成。

（五）送秋牛图

什么是秋牛图呢？就是在二开红纸或黄纸印上全年农历节气和农夫耕田图样，名曰"秋牛图"。送图的人都是些民间善言唱者，主要说一些秋耕和吉祥不违农时的话，说得主人笑了，给钱为止，俗称"说秋"。说秋人称之为"秋官"。

民间对秋分节气的禁忌，有这样一句谚语，"秋分只怕雷电闪，多来米价贵如何"，意思是说，在秋分时节最忌讳打雷打闪，即下雨。

【饮食起居宜忌】

秋分，作为昼夜时间相等的节气，人们在饮食起居方面也应本着阴阳平衡的规律，具体来说，应注意以下几方面：

（一）科学秋冻

并不是每个人都适合秋冻，要根据自身的体质进行，尤其是体质偏弱的老人、儿童，更不能一味地秋冻，适当添加衣服才是明智之举。

（二）无须刻意进补

秋季讲究进补，但不是任何人都适合补，若无病就无须进补，否则，还可能伤害身体。如服用鱼肝油过量可能引起中毒、长期服用葡萄糖会引起发胖等。

（三）登山是秋季运动的最佳选择

金秋季节时，天高气爽，是开展各种运动锻炼的好时机，如登山、慢跑、散步等。尤其是登山，可改善人体的循环系统，增加肺活量，促进人体代谢进程。

（四）慎吃螃蟹

俗话说："九月吃雌蟹，十月吃雄蟹。"秋分正是吃螃蟹的好时候，但有些人应慎吃螃蟹，如过敏体质者、孕妇、关节炎和痛风患者等。另外，螃蟹要现蒸现吃，一般不要超过4小时。

【健康食谱】

秋分前后饮食有学问，切不能胡乱吃，那么秋分节气吃什么好呢？

油酱毛蟹

配料：

河蟹500克，姜、葱、醋、酱油、白糖、干面粉、味精、黄酒、淀粉、食油、明油各适量。

做法：

第一步，将蟹清洗干净，斩去尖爪，蟹肚朝上齐正中斩成两半，挖去蟹鳃，蟹肚被斩剖处抹上干面粉。

第二步，将锅烧热，放油滑锅烧至五成熟，将蟹入锅煎炸，待蟹呈黄色后，翻身再炸，使蟹四面受热均匀。

第三步，至蟹壳发红时，加入葱姜末、黄酒、醋、酱油、白糖、清水，烧8分钟左右至蟹肉全部熟透后，收浓汤汁，入味精，再用水淀粉勾芡，淋上少量明油出锅即可。

功效：

益阴补髓，清热散瘀。

甘蔗粥

配料：

甘蔗汁800毫升，高粱米200克。

做法：

第一步，甘蔗洗净榨汁，高粱米淘洗干净。

第二步，将甘蔗汁与高粱米倒入锅中，再加入适量的清水，煮成薄粥即可。

功效：

补脾消食，清热生津。

第五节

寒露：寒露菊芳，缕缕冷香

寒露的阳历时间为每年的10月7—9日之间，"九月节，露气寒冷，将凝结也"。

【寒露的由来】

太阳到达黄经195°时是二十四节气中的寒露，是秋季的第5个节气，表示秋季时节的正式开始。《月令七十二候集解》说："九月节，露气寒冷，将凝结也。"寒露的意思是气温比白露时更低，地面的露水更冷，都快要凝结成霜了。

我国古时将寒露分为三候："一候鸿雁来宾；二候雀入大水为蛤；三候菊有黄华。"在寒露时节，鸿雁排成一字或人字形的队列大举南迁；深秋天气寒冷，雀鸟都不见了，古人看到海边突然出现很多蛤蜊，因为贝壳的条纹及颜色与雀鸟相似，便以为是雀鸟变成的；在寒露时节，菊花已经普遍开放。

关于寒露节有一个十分动人的传说。从前，在一个山脚下住着一家三口，靠种地为生，日子过得很清贫。老夫妻双鬓已白，有一个儿子叫寒露，已经20多岁，为人忠厚，有几分傻气，不过，摇耧播种、耕田锄禾都做得很出色，经常受到村里人的称赞。

　　寒露没有娶亲成家一直是老两口的心病，便求人打听哪个村子里有好姑娘，希望能找个聪明的姑娘做媳妇，好替儿子当家理事。经过一番打听，得知东庄有个叫荞麦的姑娘十分聪明，寒露的妈妈便去试探姑娘的为人。她拿了几尺布，假装做衣裳，便来到了姑娘家，荞麦果然长得十分漂亮。她对姑娘说，想请她帮忙给儿子做件衣裳，用拿来的几尺布做一件长衫，做一件短衫，再做一件床单，姑娘应允了。

　　几天后，寒露的妈妈去荞麦家拿衣服，但只有一件长衫，就假装不高兴地问原因。荞麦把那衣裳抖开，架在身上说："这不是长衫吗？"然后又把长衫的底边折起说："这是短衫。"说完，又把那件衣裳铺在床上说："这是床单。"

　　寒露的妈妈满意而归，3天后备了一份聘礼，送到荞麦家。这年的腊月，寒露就与荞麦成亲了。过了几年，老两口去世了，只剩下年轻的小夫妻，过着男耕女织的日子，生活过得很美满。

　　有一年，镇上起了会，荞麦让丈夫把自己织的布匹拿到会上卖。寒露背上布匹，骑着小马去赶会，路上碰见一个秀才，秀才看寒露骑马背布，一股子傻劲，就戏弄他说："老弟，我有点急事，把你的马借给我骑吧？"寒露下了马，将缰绳递给秀才说："你叫什么名字，住在哪里？"

　　秀才骑上马说："我姓你所赠，日月本是名，住在半空里，月亮落村中。"说完，骑马就跑了。寒露回到家里，妻子见马不见了，就问是怎么回事。寒露不知如何回答，就将秀才说的话原封不动地告诉了妻子。荞麦听完说："明天你翻过大梁山，山西坡半腰中有个村子，去找一个叫马明的人要马。"

第二天，寒露果然找到了马明。马明很是惊讶，问寒露怎么找到这里来的。寒露告诉马明是妻子指点的。马明对寒露妻子的聪明才智很是佩服，转念一想，又想戏弄寒露，就叫他把马牵了回去，并给寒露的妻子捎了一份礼物。

回到家，荞麦打开礼包，只见一朵花、一根葱、一个大得没样子的南瓜。荞麦看完立刻羞红了脸，明白是马明嘲笑自己"聪明伶俐一枝花，竟然配个大憨瓜"。一气之下，荞麦生了重病，不到半年就去世了。

荞麦死后，寒露非常想念妻子。每当想起妻子，他就到坟上哭一场。天长日久，在他落泪的地方就长出一棵红秆绿叶的小苗。他看到那棵小苗，想到妻子，哭得更伤心了，眼泪像露水一样落在了那棵小苗上，慢慢地秆粗了，叶大了，开出了白花，结出了有棱有角的果实，寒露就把这种果实叫作荞麦。他把荞麦种子采下，撒在田里，第二年长出了一片。寒露在地里做活时，看到荞麦株，就像见到了妻子，心里还好受一些。就这样一年又一年，寒露不停地种荞麦，就在一年荞麦熟的时候，忧愁成疾的寒露也去世了。

这年秋旱，庄稼不收，唯有寒露地里的荞麦丰收了。人们饿得没有吃的，就把荞麦采下，磨了吃，这才度过了灾荒，保住了性命。人们为了感激寒露，就把寒露死的那天叫"寒露节"。从那以后，每到秋旱的时候，人们都会种荞麦。荞麦总在寒露节前熟，人们都说这是荞麦和寒露夫妻情重的缘故。

【气候特点与农事】

寒露期间，气候呈现出两个显著的特点：一是气温降得快，一场秋风秋雨后，就可以将气温下降8—10℃；二是平均气温分布差异大，华南平均气温大多在22℃以上，还没有走出夏季，江淮、江南各地一般在15—20℃，东北南部、华北、黄淮地区在8—16℃，西北的部分地区、东北中北部的平均气温降到了8℃以下。此时，农民朋友应做好以下农事安排与活动：

（一）抓紧时间采收棉花

在寒露期间，华南东部有时会出现连阴雨天气，对秋收、秋种都十分不利，民谚有云："寒露不摘棉，霜打莫怨天。"此时，要趁天晴抓紧时间采收棉花，遇降温早的年份，可以趁气温不算太低时把棉花收回来。

（二）防御寒露风带来的危害

寒露风是秋季冷空气入侵南方后，引起显著降温，造成晚稻瘪粒、空壳减产的农业气象灾害。不同地区的寒露风标准不同，在长江中下游地区，以连续3天或以上，日平均气温低于20℃作为出现寒露风的标准；华南以连续3天或以上，日平均气温低于22℃作为标准。所以，在此时节，南方稻区要注意防御寒露风的危害。

（三）果树农事安排与活动

寒露时节，华南地区应做好柑橘、枇杷、杨梅的农事安排。

1. 柑橘

中晚品种应及时施好采前肥，抹去晚秋梢，早熟品种采后及时疏剪细弱枝、短截粗壮结果枝，并做好锈壁虱、粉虱、红蜘蛛等害虫的防治。山地果园做好吸果夜蛾、溃疡病、炭疽病的防治。

2. 枇杷

枇杷应施好花前肥，做好疏蕾、疏花、树干涂白、防冻等准备。

3. 杨梅

因地制宜，对杨梅园进行深翻改土；继续防治大蓑蛾与病害；注意台风侵害，台风过后，应对断枝及时疏剪，扶直植株并在根际培土。

【农历节日】

重阳节，又称晒秋节、重九节、"踏秋"、老人节，为每年的农历九月初九，是中国的传统佳节。重阳节早在战国时期就已经形成，到了唐代被正式定为民间的节日，一直沿袭至今。关于重阳节的由来，源于道教的一个神仙故事。

相传，东汉时期，汝河有一个瘟魔。只要瘟魔出现，家家户户都会有人病倒，导致天天有人死去。当地的百姓受尽了瘟魔的蹂躏，生活得十分凄惨。

汝南县有一个叫恒景的青年，瘟疫夺走了他的父母，他也差点儿丢掉性命。恒景病愈后，决心出去访仙学艺，为民除害。他历经艰险，终于找到了法力无边的仙人，拜他为师。这位仙人给他一把降妖宝剑，并传授他降妖剑术。经过一番苦练，恒景练就了一身非凡的武艺。

有一天，仙人把恒景叫到跟前，对他说："明天是九月初九，瘟魔又要出来作恶了，现在你回去给百姓造福吧。"说完，仙人送给恒景一包茱萸叶、一瓶菊花酒，并授以避邪秘诀，让恒景立即骑着仙鹤赶回家。

恒景回到家乡，按照仙人的嘱咐把乡亲们领到附近的一座山上，发给每人一片茱萸叶、一盅菊花酒。中午时分，瘟魔冲出汝河，扑到山下，就在这时，瘟魔突然闻到茱萸的奇味和菊花酒的醇香，脸色突变，不敢前行。恒景手持降妖宝剑，立即奔下山来。经过殊死搏斗，恒景将温魔刺死，瘟疫消除。从此，每年的农历九月初九，登高避疫的风俗便流传了下来。

重阳节登高的习俗，人尽皆知，而且全国很多地方都有这样的习俗。那么，你知道广东的重阳节有哪些习俗吗？广东各个地区的重阳节习俗也不大相同。

（一）广州番禺

广州番禺人会在重阳节这一天登高，人们认为登高可以免灾避祸。每当重阳来临，人们就会结伴来到白云山、大夫山、滴水岩、莲花山、十八罗汉山等。有不少人在重阳节到来的前夜就开始登山，并备好食物与帐篷，在山顶露宿，等待日出。

（二）佛山

佛山有重阳节祭祖的习俗，称为"秋祭"。旧时的重阳节，扫墓多以家庭为单位，带上祭品上山拜祭先人，现在的重阳节则由上山扫墓祭祖演变为家中祭祖。

（三）广东客家人

广东客家人至今保留着重阳节祭奠祖先的习俗。粤北客家地区有许多客家乡民称重阳节为"九月节"，在这一天，客家人往往要扶老携幼登高望远、赏菊赋诗。最为奇特的是，这里还保留着一些中原古俗，如浸泡菊花酒，将晒干的嫩菊和菊叶与蒸好的糯米混合后，撒上一层客家酒曲，保温发酵数日后，初步酿成菊花酒。将这些菊花酒封坛后放在阴凉处，直至第二年重阳才会打开畅饮。

（四）潮州人

潮州人过重阳节有放风筝和制作"油麻团"的习俗。潮州人称放风筝为"放风禽"或"放风琴"，这是因为风筝是用飞禽或相似飞禽的形状制作而成的。又因潮语的"禽"与"琴"谐音，故又称为"放风琴"。

在潮州地区，人们常用"油麻团"做祭品。因为潮洲人把"油麻团"的"团"读作"缘"，所以，古时候的潮州人就有了在重阳节"结缘"的习俗，其意是结良缘。在重阳节这一天，左邻右舍之间会互相探访，互赠"油麻团"。

（五）惠州

在重阳节，惠州民间有放纸鹞的习俗。纸鹞就是现在的风筝，风筝是五代以后的称谓。五代之前，北方习惯称"纸鸢"，南方则多叫"鹞子"。惠州的"纸鹞"称谓是保留了五代以前的古老名称。

此外，阳江市在重阳节也会放纸鸢，并在上面系上藤弓，飞在半空中，声音十分嘹亮。

（六）清远

每年重阳节，清远连州保安镇都会举办重阳"大神"盛会，这一习俗已持续千百年。每到这一天，家家户户贴门对，村村寨寨结彩门。盛会中最有趣的是"抬大神""摇高神""踩八卦""扮故事"等节目。

此外，怀集县认为重阳是元帝得道之辰，在这一天，无论男女老少，倾城而出，赛神酬愿，皆用大炮；临高县民在重阳节会起个大早，大家齐声高喊"赶山猫"，以此为安和富利之吉兆；隆安县九月九会放任牛羊自行觅食，俗语说："九月九，牛羊各自守。"

【寒露民俗及民间宜忌】

寒露时节有很多民间习俗，你知道有哪些习俗吗？下面我们就来盘点一下，看看这些有趣的习俗你是否知道。

（一）饮菊花酒

寒露节气，正是菊花盛开的时候，有些地区会饮用菊花酒除秋燥的习俗。菊花酒是用菊花加上糯米、酒曲酿制而成，古称"长寿酒"，其味清凉甜美，有养肝、明目、健脑等功效。古时候，人们在寒露这一天还会舀取井中的水用来浸泡滋补五脏的丸药或药酒，可使身体免受初寒所致的风邪。

（二）吃芝麻

寒露节气一到，天气就开始由凉爽转向寒冷，此时人们应养阴防燥、润肺益胃，所以，民间就有"寒露吃芝麻"的习俗。

芝麻分为白芝麻与黑芝麻，食用以白芝麻为佳，若药用则以黑芝麻为好。谚语云："嚼把黑芝麻，活到百岁无白发。"在北京，每到寒露节气前后，与芝麻相关的食品都成了紧俏货，如芝麻烧饼、芝麻酥、芝麻绿豆糕等。

（三）赏红叶

每到寒露节气，北京人都会到香山赏红叶。寒露过后，因天气连续降温，使得京城的枫叶被催红，漫山遍野满是红叶，如诗如画，非常美丽。一般适合寒露观红叶的是北方地区，尤其是黄河以北。

（四）斗蟋蟀

白露、秋分和寒露，是老北京人斗蟋蟀的高潮期。蟋蟀，又名促织，北京人俗称蛐蛐儿。据记载，斗蛐蛐儿始于唐朝天宝年间，就连明朝宣德皇帝都爱斗蛐蛐儿。北京人玩蛐蛐儿，大概也始于明朝。一般听见蟋蟀叫就意味着入秋了，天气转凉，提醒人们应该准备冬衣了，所以有"促织鸣，懒妇惊"的说法。

（五）秋钓边

寒露时节，我国的南方已经告别了炎热，天气晴朗，阳光正好，是出游的好时节，人们外出赏花、吃螃蟹或钓鱼。因寒露时节降温迅速，深水处太阳已晒不透，使得鱼儿游向水温较高的浅水区，所以有"秋钓边"的说法。

民间有寒露忌刮风的习俗，有谚语云"禾怕寒露风，人怕老来穷"，农人认为寒露刮风，地里的庄稼就会遭殃。也有"寒露有霜，晚谷受伤"的说法，意思是说，霜会对晚秋收割的稻谷造成冻伤。

【饮食起居宜忌】

寒露时节是深秋的开始，天气越来越冷，那么，在寒露节气，人们在饮食起居上应该注意哪些事情呢？

（一）适时增加衣服

寒露过后，天气寒冷，老人、孩子以及体质较弱的人要注意防寒保暖，逐渐增添衣服，切勿一味坚持"春捂秋冻"，以免"冻"出病来。

（二）注意足部保暖

民谚有云："寒露脚不露。"寒露过后，气温逐渐降低，此时人们不要经常赤膊露身，防止寒邪入侵，同时要注意足部保暖，每天晚上用热水泡脚，促使足部血管扩张，血流加快，能有效地缓解疲劳。

（三）防燥

从寒露时节开始，雨水减少，天气干燥，昼热夜凉，在南方此时气候最大的特点是燥邪当令，而燥邪最易伤肺伤胃。所以，在这个时节，人们要养阴防燥、润肺益胃，并避免过度劳累。

（四）适当多吃甘淡滋润的食品

在这个时节要适当多吃甘淡滋润的食品，如萝卜、番茄、莲藕、牛奶、百合、芝麻、核桃、银耳等，少吃辛辣刺激、香辣、熏烤等这类食品。

【健康食谱】

寒露时节燥邪当令，最容易伤肺伤胃，建议大家多吃以下两款食谱，以注重肺脏保养。

川贝炖雪梨

配料：

雪梨1个，冰糖25克，川贝少许。

做法：

第一步，雪梨洗净削皮切开去核掏空，成一个梨盅。

第二步，梨盅里放入几粒川贝和冰糖，盖上梨盖，用牙签固定。

第三步，将雪梨放入碗中，加冰糖、水，隔水蒸30分钟即可。

功效：

润肺化痰，养血生肌。

西芹百合

配料：

西芹250克，鲜百合1头，蘑菇、精盐适量，橄榄油1汤匙，香油1茶匙。

做法：

第一步，西芹摘去叶子，用水焯一下，破丝，切段。

第二步，百合剥开一瓣瓣的，除去百合老衣。

第三步，炒锅放橄榄油烧至七成热，放入焯好的西芹，略翻，放百合。待百合边缘变透明，加精盐和蘑菇，迅速翻炒均匀，淋少许香油即可出锅。

功效：

清胃、涤热、祛风。

第六节

霜降：冷霜初降，晚秋、暮秋、残秋

霜降的阳历时间为每年的10月23日左右，"九月中，气肃而凝，露结为霜矣"。

【霜降的由来】

太阳到达黄经210°时为二十四节气中的霜降，它是秋季的最后一个节气，是秋季到冬季的过渡节气。霜降节气时，我国黄河流域已经出现白霜，此时树叶枯黄，已经在落叶。

在古时，人们把霜降分为三候："一候豺乃祭兽；二候草木黄落；三候蜇虫咸俯。"这句话的意思是说，豺狼将捕获的猎物先陈列后再食用；大地上的树叶枯黄掉落；蜇虫全都在洞中不动不食，垂下头来进入冬眠状态。

霜降有一个与婆媳关系相关的传说。龙王的老婆与儿媳妇关系很是不好，两人都很"犟"，即为"双犟"。

每年的秋季刚结束，即农历霜降节气的前3天，龙王的儿媳妇想，庄稼都收完了，应该好好休息几天了吧？可当她向婆婆提起这件事时，婆婆不答应，并警告她不许偷懒，要好好干活。于是婆媳就吵起来了，你一言我一语，互不相让，如同"犟牛"一般。老龙王与小龙王劝谁谁都不应，就这样婆媳之间总会为此事生几天的气，龙王父子俩只能叹息："两个女人都这么双双不让，这才叫'双犟'。"

可日子总要过下去，婆媳还要在一起生活，在一口锅里吃饭，所以，这种"双犟"的状态并不会持续长久。婆媳之间不是儿媳妇先让步，就是婆婆先让步。因为是龙王之家，所以，3天之内，不管是谁先做出让步，只要真心所言，就会出现霜降节气15天晴空万里的天象，民间称之为"干土黄"。

如果双方仅仅是表面道歉内心不服，则天象风云不测。如婆婆先向儿媳妇道歉，内心却依然愤愤不平，后来的15天就会雷雨交加甚至冰霜齐下；儿媳表面在3天之内先向婆婆道歉，说明自己"犟"输了，心里却十分不痛快，暗地里流泪，后来的15天就会阴雨绵绵，民间称之为"烂土黄"。

【气候特点与农事】

霜降时节，天气渐冷，开始降霜，纬度偏低的南方地区，日均气温多在16℃左右，在花城广州也已经能够感受到凉爽的秋风了，东北北部、内蒙古东部以及西北大部日均气温已在0℃以下。

霜降除了天气变冷外，下霜也是一个显著特征。初霜越早，对作物危害越大。我国各地的初霜是自北向南、自高山向平原逐渐推迟的。除全年有霜的地区外，最早出现霜的地方是大兴安岭，多在8月底见霜，而厦门、广州到百色、思茅一带见霜时已经是新年过后的1月上旬了。

那么，在霜降时节有哪些农事安排与活动呢？在长江中下游及以南的地区，冬麦和油菜应及时间苗、定苗，中耕除草，做好防治蚜虫的工作，晚稻成熟后，及时收获。

霜降还是挖苕的季节，挖苕一定要选择好时间，过早收挖，苕块尚未充分膨大，会影响产量；收挖过迟，有可能遭受早霜冻危害，使苕块受冻变质，不耐贮藏。

对北方大部分地区而言，此时是大豆、棉花、甘薯等秋作物收获的时期，要进行深度耕翻，以减少具有还原性的有害物质的积累，同时要适当施用有机肥料，以提高土壤肥力。

【农历节日】

十月初一，称为"十月朝"，又名"祭祖节"。祭祖分春秋两祭，民间有"清明时节人找鬼，中元时节鬼找人"之说。十月初一祭祀祖先，有家祭，也有墓祭。祭祀时，人们把冥衣焚化给祖先，叫作"送寒衣"，故十月初一又称为"烧衣节"。

关于祭祖节还有一个非常有趣的故事。蔡伦刚发明出纸时，生意非常好，蔡伦的嫂子慧娘就让丈夫蔡莫找蔡伦学习造纸。学了3个月之后，蔡莫就回家开了造纸厂，但因学艺不精，造出的纸张质量不高，纸张销售不出去，堆得满屋都是。后来，慧娘想出了一个办法。

一天半夜，慧娘假装因急病而死，蔡莫在她的棺材前痛哭流涕，他边烧纸边哭诉："我与弟弟学造纸，不用心，造出的纸张卖不出去，死去了老婆。现在，我把这些纸都烧成灰，来解心头之恨。"

蔡莫烧完一叠纸，又抱来一叠，烧了一阵后，就听见慧娘在棺材里嚷道："把门打开，我回来了。"这一叫吓坏了在场的众人，人们惊慌失措地打开棺材，慧娘装腔作势地唱道："阳间钱能行四海，阴间纸在做买卖，不是丈夫把纸烧，谁肯放我回家来？"

慧娘唱了很多遍说："刚才我是鬼，现在我是人，你们不要害怕。我到了阴间，阎王就让我推磨受苦，丈夫送了钱，小鬼们就争先来帮我，真是有钱能使鬼推磨。三曹官也向我要钱，我把钱全都送了他，他就开了地府后门，放我回来了。"

蔡莫装作糊涂地说："我没烧钱给你呀？"慧娘说："你烧的纸就是阴间的钱。"听慧娘这么一说，蔡莫又抱了几捆纸，烧给他的父母。在场的人听后就真的以为烧纸能在阴间当钱花，纷纷向蔡莫买纸。慧娘慷慨地送给乡亲，此事在四里八乡传开了，人们纷纷来蔡家买纸烧给死去的亲人。很快，蔡莫积压的纸就被抢购一空。因慧娘"还阳"那一天是农历十月初一，所以，后人都在十月初一祭祀祖先，上坟烧纸。

如今，不同地区祭祖节的习俗也不同。下面我们就来看看在祭祖节这一天民间都有哪些民俗。

（一）北京

民国初年，北京人在十月初一以前就要到南纸店去买寒衣纸，所谓"寒衣纸"，是用冥衣铺糊烧活的彩色蜡花纸，裁成长条，一般一张纸裁三条或四条，白色的印上青莲色的图案；粉红色的印上白色图案；黄色的则印上红色图案，也有用素色纸的。

有的把寒衣纸剪成衣裤状，有的直接装在包有纸钱、冥钞的包裹里焚化。更为讲究的人，会请冥衣铺的裱糊匠糊一些皮袄、皮裤等高级冬装。不论用什么样的寒衣，都要以纸钱、纸锭为主，一并装在包裹内，供罢焚化。

（二）山东

鲁中一带于傍晚在野外路口烧寒衣，主要给无后人的死者或孤魂野鬼祭祀。鲁西南一带，除了准备寒衣外，还会用死者生前喜爱的戏曲或神话故事为题材制作纸扎，以供阴间娱乐。

（三）山西

晋北地区送寒衣时，要将五色纸分别做成衣、帽、鞋、被，甚至要做一套纸房舍。晋南地区送寒衣时，讲究在五色纸里夹裹一些棉花，说是为死者做棉衣、棉被用。

（四）洛阳

十月初一这一天，洛阳人要烹炸食品、剁肉、包饺子，准备供奉祖先的食品。市区、偃师、宜阳等地，也有人不去坟上烧寒衣，而是在家门口及十字路口烧。鬼节这一天傍晚，人们抓把土灰，在家门前撒一个灰圈，然后焚香上供，燃烧纸衣、纸锭，祭奠先人。新安县另有讲究，新出嫁的媳妇会在鬼节这一天，为夫家新故的老人添土；到家庙祭祖者，要奏鼓乐助兴。

（五）南京

南京地区送寒衣，要将冥衣装在一个红纸袋里，上面写明亡者的身份、姓名。鬼节这一天晚上，把纸袋供在堂上祭奠一番后，拿到门外焚化，并将刚收获的赤豆、糯米等做成美食让祖先尝新，以祈求保佑家族兴旺。

【霜降民俗及民间宜忌】

空气寒凉，露凝结而成为霜，故而得名霜降。那么，你知道霜降节气有哪些习俗吗？下面我们就来盘点一下霜降的习俗。

（一）放风筝

不同地区放风筝的时间是不同的，比如，江南放风筝大多在清明前几个月，有民谚云"杨柳青，放风筝"；北方一些地区则在入冬之后才开始放风筝，直到清明即停止。

岭南一带又不同于其他地方，在重阳节前后才开始放风筝，因为在三四月，岭南是雨季，最不适宜放风筝。

福建、广东各地，晚秋的时候多放纸鸢，样式很多，当地有一种叫抬云的风筝，挂着藤弓，能在空中发出嘹亮的声音，深受人们的喜爱。

（二）登高

在我国不少地方，霜降时节有登高远眺的习俗。登高既锻炼了肺部功能，又能让人极目远眺，心旷神怡，释放压力，舒缓心情。

（三）赏菊

古有"霜打菊花开"之说，在古人眼中，菊花的意义不同寻常，被认为是"延寿客"、不老草。于是，赏菊自然成了霜降必不可少的习俗。霜降时节正是秋菊盛开的时候，我国不少地方都会举行菊花会，赏菊饮酒，以表示对菊花的崇敬和喜爱之情。

（四）打霜降

相传在清代以前，常州府武进县的校场演武厅旁的旗纛庙有隆重的收兵仪式。旧俗，每年的立春为开兵之日，霜降为收兵之日。因此，在霜降前，府、县的总兵和武官们，都要身穿盔甲、手持刀枪弓箭，列队前往旗纛庙举行收兵仪式。

在霜降这一天的五更清晨，武官们就会在庙中集合，向旗纛行三跪九叩的大礼。礼毕，列队齐放空枪三响，然后试火炮、打枪，称之为"打霜降"，围观的群众非常多，如潮水一般。

（五）祭旗纛

《周礼》记载，大司马（统管全国军事的官职）每次出师的时候，都会对旗纛进行祭祀，称为军牙六纛之神。牙旗是主帅在军队中位置的标志。纛是浦头，马头上的札饰，是皇帝乘舆的标志性装饰。天子有六军，故称为称六纛。

汉高祖当初立为沛公，在沛丰供奉黄帝，祭祀蚩尤，用所杀白蛇的血涂鼓旗行祭。后来，汉武帝设置灵旗祈祝兵事，太史用此旗指向所讨伐的国家。三国孙权做黄龙虎牙旗，后齐天子亲征，也建有牙旗。自从唐朝开始，每个朝代都有旗纛之祭。

一般各地都有旗纛庙，在庙中筑台，设置军牙六纛神位。一年祭祀两次，分别在惊蛰日和霜降日。明朝祭祀旗纛，在每年仲秋祭祀山川之日；霜降日，在校场祭祀；岁末祭献太庙则在承天门外祭祀。除此之外，凡是军队出行，都会祭祀旗纛。

清朝时期，在霜降这一天五更时，鸣炮致祭。武将主祭，在演武厅迎接巡视的帝王。祭祀完毕，将士们会齐集校场，兵士们全副武装，一一展示武器，然后唱着军歌整队而归，或绕街游行。

吴地民间，在霜降日天还没有亮的时候，人们就相互提醒，只要听到信号，就争着抢着到校场观看仪式，称之为看旗纛，据说能拔除不祥。

（六）习战射

古人为了顺应秋天的严峻肃杀，会在这个月操练战阵，进行围猎。自汉代以来，就在霜降期间讲习武事，操演比试射技，并进行赏罚，后沿袭成为惯例。

（七）扫墓

古时，霜降时节人们会去扫墓。如今，霜降扫墓的风俗已少见，但霜降时节的十月初一"寒衣节"，在民间仍然盛行。寒衣节，又称"冥阴节""祭祖节""鬼节"等，为避免先人在阴曹地府挨冻，人们会在这一天晚上于门外焚烧夹有棉花的五色纸，并把饺子倒在一个灰圈内，意思是天冷了，给先人们送去御寒的衣食，以免受冻挨饿。

（八）送芋鬼

在广东高明地区，霜降前有"送芋鬼"的习俗。人们用瓦片堆砌成河内塔，在塔里面放入干柴点燃，火烧得越旺越好，直到把瓦片烧红，再将河内塔推倒，用烧红的瓦片热芋头，当地人称为"打芋煲"，最后把瓦片丢到村外，即"送芋鬼"，寓意辟凶迎祥。

（九）霜降进补

民间有"补冬不如补霜降"之说，人们认为先"补重阳"后"补霜降"，而且"秋补"比"冬补"更重要，所以，在霜降时节，民间有"煲羊头""迎霜兔肉""煲羊肉"的习俗。

（十）吃柿子

我国有些地方，会在霜降时节吃柿子，人们认为吃柿子可以保暖，还能补筋骨。福建闽南地区的人则认为"霜降吃丁柿，不会流鼻涕"，也有的地方称"霜降这天要吃柿子，不然整个冬天嘴唇都会裂开"。

此外，黄河以北的一些老百姓会在霜降时节买柿子和苹果，寓意事事平安，商人则会把栗子和柿子放在一起图"利市"。

（十一）吃牛肉

我国有些地方有霜降吃牛肉的习俗，如广西玉林的居民在霜降这一天，早饭会吃牛河炒粉，午饭或晚饭吃牛肉炒萝卜，或牛腩煲之类食物，以补充能量，祈求在冬天里身体强健，不生病。

（十二）吃鸭子

在闽台有这样一句谚语："一年补透透，不如补霜降。"由此可以看出闽台人对霜降节气的重视，每到霜降时节，闽台地区的人们就会吃鸭子进补，使得鸭子供不应求，甚至脱销，卖鸭子的老板生意红火得不得了。

（十三）拔萝卜

在山东有句农谚是这样说的："处暑高粱，白露谷，霜降到了拔萝卜。"这说明山东人有霜降吃萝卜的习俗，霜降以后早晚温差大，露地的萝卜如果不及时收获，就会被冻坏。

关于霜降的民间禁忌，云南有这样一句谚语："霜降无霜，礁头没糠。"由此可见，农民忌讳霜降日不见霜，如果霜降没有霜，来年就有可能闹饥荒。

在江苏太仓一带有"霜降见霜，米烂陈仓"之说，意思是说，如果霜降日下霜了，来年一定是一个丰收年，米多得都烂在了仓库里。如果没有见到霜，稻谷就会歉收，米价就会高，谚语曰："未霜见霜，卖米人人像霸王。"

除此之外，一些少数民族也有霜降日的禁忌，如彝族忌讳霜降日用牛犁田，认为这样做会导致草枯。

【饮食起居宜忌】

霜降之后，气温迅速下降，这样的天气对人体健康有很大的危害，那么，此时人们在饮食起居上应注意哪些事情呢？

（一）早晨莫贪睡

此时天气寒冷，很多人喜欢赖床贪睡，这是非常不好的习惯。睡眠时间过长，就会破坏心脏活动与休息的规律，久而久之，使体质变差，容易生病。所以，应养成早睡早起的作息规律。

（二）防止悲秋

霜降过后，小草开始枯黄，树叶慢慢飘落，给人以萧瑟之感，人们容易触景生情，产生悲秋情绪。此时是情绪病高发时节，要保持良好的心态，适当运动，多与朋友谈心，以宣泄积郁之情，培养乐观豁达之心。

（三）运动保健康

深秋时节，气温下降明显，经历了炎夏的酷暑和闷热后，人们备感秋季的凉爽和舒适。宜人的秋季也是锻炼身体的最佳季节，人们应抓住大好时机锻炼身体，为即将到来的冬季打好基础。

（四）调养脾胃是关键

霜降节气，脾脏功能处于旺盛时期。因脾胃功能过于旺盛，容易导致胃病的发生，如慢性胃炎、胃和十二指肠溃疡病等。这时候要注意健胃补脾，适当吃一些玉米面红薯粥为宜，此款粥具有补虚乏、益气力、健脾胃、益肺等功效。

【健康食谱】

民间有谚语"一年补透透，不如补霜降"，霜降是调整脾胃的最佳时节。下面的两款食谱最适合在霜降时节食用。

银耳白果粥

配料：

香糯米150克，银耳20克，白果50克，枸杞、精盐少许。

做法：

第一步，将银耳洗净，用冷水浸泡，去根撕成小朵；白果用热水烫过后切成两半。

第二步，香糯米文火熬煮成粥后，再放入银耳、白果、枸杞，加少许精盐煮开即成。

功效：

养阴润燥，益肺止咳。

百合炒马蹄

配料：

鲜百合240克，碎猪肉160克，马蹄10粒，姜蓉2茶匙，糖、盐各1/2茶匙，生抽1茶匙，水1汤匙，油、生粉各1/2汤匙，上汤2汤匙，蚝油、麻油各1茶匙。

做法：

第一步，鲜百合切开，洗净沥干；马蹄去皮剁碎；碎猪肉加入腌料，腌15分钟。

第二步，烧热锅，下油1汤匙，炒熟碎猪肉；放入鲜百合、马蹄及姜蓉，炒匀；最后加调味料，炒至汁干即成。

功效：

止咳补肺，消痰清积食。

第五章

冬雪雪冬小大寒：冬季的六个节气

第一节

立冬：蛰虫伏藏，万物冬眠

立冬的阳历时间为每年的11月7日或8日。"立，始建也；冬，终也，万物收藏。"

【立冬的由来】

立冬是二十四节气之一，是冬季的第1个节气，太阳已到达黄经225°，我国古时民间习惯以立冬为冬季的开始。《月令七十二候集解》说："立，建始也。"又说："冬，终也，万物收藏也。"意思是说，立冬时，秋收作物已经全部收晒完毕，收藏入库，动物也已藏起来准备冬眠。

我国古代将立冬分为三候："一候水始冰"，这个节气水已经能结成冰；"二候地始冻"，土地也开始冻结；"三候雉入大水为蜃"，雉即指野鸡一类的大鸟，蜃为大蛤，立冬以后，野鸡一类的大鸟不多见了，在海边却可以看到外壳与野鸡的线条及颜色相似的大蛤，所以，古人认为雉到立冬后便变成了大蛤。

【气候特点与农事】

进入立冬节气以后，气温下降十分明显。此时，全国大部分地区的降水显著减少，空气渐趋干燥。华北等地区往往出现初雪，长江以北和华南地区的雨日和雨量都要比江南地区少。就全国范围来说，降水的形式也出现多样化，有雨、雪、雨夹雪、霰、冰粒等。

另外，立冬之后，容易形成霜雾，一般11月，北起秦岭、黄淮西部和南部，南至江南北部会相继出现初霜。偏冷的年份，11月中旬，南岭以北也会出现初霜。此时，农民朋友应做好以下农事安排与活动：

（一）华南地区的农事安排与活动

此时，华南是"立冬种麦正当时"。水分条件的好坏与农作物的苗期生长及越冬密切相关，应及时开好田间"丰产沟"，做好清沟排水，以防冬季涝渍、冰冻危害。华南西北部要早挖窖，防止早霜给农作物带来伤害。

（二）华北及黄淮地区的农事安排与活动

华北及黄淮地区应利用田间土壤夜冻昼消之时，浇好麦、菜及果园的冬水，以补充土壤水分不足，预防"旱助寒威"，避免或减轻冻害的发生。

（三）江南地区的农事安排与活动

立冬时节，江南正是抢种晚茬冬麦，抓紧移栽油菜的时期，民谚云："立冬不拔菜，终究受霜害。"所以，人们应抓紧时间，以防误了农时。

（四）蔬菜的农事安排与活动

立冬后，要及时做好大棚搭建工作，并做好大棚蔬菜管理。白天气温高时，应在背风口揭膜通气，晚上将大棚密封好，以免冻害秧苗。

（五）畜牧的农事安排与活动

生猪做好防疫工作；耕牛加强放牧，吃足草料；长毛兔秋繁工作，未配种的及时配上种；养鹅的农户要抓紧时间引进苗鹅饲养，以赶上春节卖上好价钱。

【农历节日】

农历十月十五，是中国民间传统节日下元节，又名"下元日""下元"。下元节的由来与道教有关，道家有三官，分别是天官、地官、水官，谓天官赐福、地官赦罪、水官解厄。三官的诞生日分别是农历的正月十五、七月十五、十月十五，这三天被分别称为"上元节""中元节""下元节"。下元节，就是水官解厄旸谷帝君解厄之辰，俗谓是日。

在下元节这一天，道观做道场，民间则祭祀亡灵，并祈求下元水官排忧解难。古代又有朝廷是日禁屠及延缓死刑执行日期之规定。民国以后，只有民间将祭亡、烧库等仪式传承了下来。那么，如今下元节有哪些民俗活动呢？不同地区的民俗活动也不尽相同。下面就让我们来看看几个最具代表的城市有怎样的民俗。

（一）广东

潮汕称农历十月十五为"五谷母生"，实际上是纪念神农大帝，五谷即稻、稷、黍、麦、菽，百姓祈求五谷丰登。在秋收结束后，人们会答谢神农之恩，"五谷母生"祭品中的粿品有象征麦穗、尖担、大猪、五谷主等形象。

到了这个时候，中山各地晚稻已经收割，晒谷入库，接下来就要斩蔗及收挖薯、豆等农作物了。相对来说，也算到了农闲时节，所以，会举行祭祀和娱乐活动。特别是中山的客家人，会有舞火龙、踩高跷等活动。

（二）福建

福建漳州过去会在这一天焚香点烛，以牲醴敬祭"三官大帝"，并在大厅前悬挂三盏玻璃宫灯，名为"三界公灯"。农村多会祭祀土地公，答谢晚季的好收成，祈求平安、宗族兴旺，有的地方还要演戏娱神。

莆田一带，在下元节这一天傍晚，每家每户都要在田边祭水神，祈求农作物平安过冬、田地湿润。祭祀时，摆上斋品，将香一根根插在田埂上，以示虔诚。

福建宁化在这一天要前往佛庙烧香，农家大多要打糍粑分送亲友，做些红烧肉等菜肴下酒，作为过节家宴。

（三）客家地区

闽西客家地区把下元节称为"完冬节"，农家打糍粑、做米果，做豆腐、煮芋子包，好好地美餐一顿，俗称"做完冬"。也有一些乡村会打醮祀神，请亲友看戏，捉傀儡。

（四）北京

在下元节这一天，北京每家每户都要做"豆泥骨朵"，所谓"豆泥"，就是红小豆做的豆沙馅儿，即北京小吃豆沙包子。据史料记载，在几百年前的明代，豆沙包子就已经是孟冬十月的节令食品了。

另外，湖南省宁远县民间，在下元节前后，会进行迎神赛会。江西石城县有的村庄十月初十过节，有的农村连日家宴，以庆丰收。山东省邹县民间会专门建醮设宴，祭祀祖先。

【立冬民俗及民间宜忌】

立冬是冬季开始的标志，关于立冬节气，我国历史上传承了很多习俗。下面就让我们来看一看有哪些习俗吧。

（一）迎冬

立冬与立春、立夏、立秋合称四立，在古代都是非常重要的日子。过去是农耕社会，人们辛辛苦苦劳作了一年，终于可以利用立冬这一天好好休息一下，顺便犒赏一下家人的辛苦。

在古时的这一天，天子会携众臣出郊迎冬，并赏赐群臣过冬的衣服，矜恤孤寡，这个习俗一直传承了下来，其迎冬之礼大体相同。

（二）祭祖祭天

旧时，人们会在立冬这一天举行祭祖祭天的活动，无论多忙的农人都会在家休息一天，宰羊杀鸡，准备时令佳品。一是为了祭祀祖先，尽为人子孙的义务和责任；二是祭祀苍天，感谢上苍赐给农人一个丰收年，并祈求上苍赐给风调雨顺。祭祀完毕后，农人们才开始吃酒食，犒赏自己一年来的辛苦。

（三）贺冬

贺冬，又名"拜冬"。早在汉代的时候就有了贺冬的习俗了，民国以后，贺冬的传统风俗得到了简化，但有些活动逐渐固定化、程序化，也更为普遍，如办冬学、拜师等都会在冬季举行。

（四）拜师

立冬之日，很多村庄都会举办拜师的活动，这项活动来自旧俗贺冬。学生们会在这一天去看望老师，有些城镇乡村学校的学校管理员会带上家长和学生，端上好酒好菜，即方盘，提着果品、点心去慰问老师，称之为拜师。

有些老师的家里在立冬这一天异常热闹，设宴招待前来看望自己的学生，并在庭房挂孔子像，写上"大哉至圣先师孔子"，学生在孔子像前行跪拜礼，念道："孔子，孔子，大哉孔子！孔子以前未有孔子，孔子以后孰如孔子！"之后，学生向老师请安，拜师礼仪结束后，学生会帮助老师做一些家务活。

（五）冬泳

在黑龙江哈尔滨、河南商丘、湖北武汉、江西宜春等一些地方，会在立冬这一天举办冬泳活动。在哈尔滨，游泳爱好者会用横渡松花江的方式迎接冬天的到来。

（六）冬学

冬天是农闲的季节，且冬夜又是最长的，所以，在这个时候办冬学是最好的时期。冬学并不是正规的教育，有各种性质，如普通学习班主要普及科学技术知识；识字班招收成年男女，为的是扫盲；训练班招收有一定专长的人，进行专业知识训练。冬学的地址多设在庙宇或者公房，教员主要聘请本村或外村人承担，并给予一定报酬。

（七）补冬

民间有立冬补冬的习俗，不同的地方补法不同。下面就让我们来看看我国各地有哪些补法吧。

1. 北方立冬吃饺子

饺子，原称"娇耳"，是医圣张仲景首先发明的，至今民间还流传有"祛寒娇耳汤"的故事。北方有民谚云："立冬不端饺子碗，冻掉耳朵没人管。"立冬意味着冬季的到来，天气渐渐寒冷，耳朵露在外面，最容易冻伤，所以，要吃点长得像耳朵的饺子补一补。

据说，立冬吃饺子是源于"交子之时"的说法，大年三十是旧年和新年之交，立冬是秋冬季节之交，所以，"交子之时"的饺子必须要吃。今天，北方很多地区都流行立冬吃饺子的习俗，尤其是北京、天津一带。

我国河东水西"老天津卫"聚居地，有在立冬日吃倭瓜饺子的风俗。倭瓜又称窝瓜、番瓜、北瓜，是北方一种常见的蔬菜。一般倭瓜购买于夏天，然后存放起来，经过长时间的糖化，在立冬这一天做成饺子馅，包饺子吃。

2. 苏州、常州吃膏滋

在南方，人们会在立冬日吃些滋阴补阳、热量较高的食物，如鸡鸭鱼肉。有的还会和中药一起煮来增加药补的作用，常用的中药有芍药、生地、当归、川芎四味药。

立冬吃膏滋是苏州人的老传统。在旧时苏州，大户人家还会用核桃肉、红参、桂圆烧汤喝，以补气活血助阳。通常每到立冬节气，苏州、常州的一些医院以及一些老字号药房都会开设进补门诊，为市民煎熬膏药。

3. 潮汕地区立冬进补最讲究

立冬一到，潮汕人就热闹了起来，结伴打边炉吃羊肉（打边炉即打火锅）。广东人重汤头，打边炉自然以好的高汤为底，加上海鲜、山珍入味，蘸料主要是沙茶酱为主。立冬过后，不少人会把珍藏的高丽参、鹿茸拿出来准备进补。

汕头人有立冬进补和吃板栗炒饭的习俗，据说立冬这一天进补，营养成分可以百分之百地被人体吸收。进补药膳用的中药材有鱼胶、鹿茸、冬虫夏草、茯苓、黄芪、人参、当归、枸杞、西洋参等；药膳常用的食材有鸽子、鹌鹑、水鸭、乌鸡、鹧鸪等。

以前，潮汕地区有立冬吃"炣饭"的习俗，这种食俗早在远古时期就已经存在了，该地区有民谚云，"十月十吃炣饭"。10月初是新米上市的时候，加上小蒜、白萝卜、新鲜的猪肉等，就可以做炣饭了。

此外，潮汕地区还流传着"立冬食蔗无病痛"的说法，人们认为在立冬这一天吃甘蔗，既能保护牙齿，又起到了滋补的功效。再有，立冬这一天，用板栗、虾仁、花生、蘑菇、红萝卜等做成的香饭，也是潮汕人的最爱。

了解完立冬的习俗后，我们再来看看立冬的民间禁忌。有些地方认为立冬日晴天好，忌讳阴雨，比如，广西一带有"立冬晴，养穷人"之说，意思是说，立冬天晴，收成就好；四川地区的人们也认为立冬晴天可使牛马不被冻伤；在江西南昌、浙江杭州、湖南兴宁有"立冬晴，一冬晴"的说法。不过，在有些地方说法正好相反，他们认为立冬下雨才好，忌讳晴天，如四川广安有"立冬有雨一冬晴，立冬无雨一冬淋"的说法。

在山东庆云、河北昌黎的一些地方，忌讳立冬这一天刮东南风，人们认为这一天刮东南风会使来年庄稼歉收。

【饮食起居宜忌】

立冬到了，意味着严冬马上就来临了，在饮食起居方面大家应注意以下几点：

（一）不盲目进补

我国民间有立冬补冬的习俗，但是切不可盲目进补，尤其是一些老年人，不能摄入太多高脂肪、高热量的食物，以免诱发高血压、冠心病等疾病。北方天气寒冷，应适当吃一些牛、羊、狗肉等大温大热之物；长江以南地区应清补，吃鸡、鸭、鱼类。

（二）调整作息

冬季到了，人们的作息时间也要相应调整，要早睡晚起，日出而作，以保证充足的睡眠，这有利于潜藏阳气、蓄积阴精。

（三）衣服不可穿得过多或过少

立冬到了，人们明显感到一丝寒意，此时，切不可盲目穿衣服，衣服穿得过多过少都不合适。穿得过少，容易引起感冒；穿得过多，又会让人感到不舒服，若出汗太多，寒邪易于侵入。

（四）保持情绪平和

在精神调养上要做到控制情志活动，保持情绪安宁，避免烦扰，以免因情绪过于激动而引发疾病，危害身体健康。

【健康食谱】

冬令进补是国人数千年的习俗，立冬是一个十分重要的进补时节，那么，立冬该吃什么好呢？

苁蓉羊肉粥

配料：

苁蓉30克，羊肉120克，大米适量，食盐、味精各少许。

做法：

第一步，羊肉洗净切片，放锅中加水煮熟。

第二步，加大米、苁蓉共同煮粥，以食盐、味精调味服食。

功效：

温里壮阳，补肾益精。

龙马童子鸡

配料：

虾仁15克，海马10克，童子鸡1只，料酒、味精、食盐、生姜、葱、水豆粉、清汤各适量。

做法：

第一步，将童子鸡宰杀后，去毛杂，洗净，装入大盆内备用。

第二步，将海马、虾仁用温水洗净，泡10分钟，分放在童子鸡上，加葱段、姜块、清汤适量，上笼蒸至熟烂。

第三步，出笼后，挑出葱段和姜块，加入味精、食盐，另用水豆粉勾芡收汁后，浇在童子鸡上即成。服用时，食海马、虾仁和鸡肉。

功效：

温肾壮阳，益气补精。

第二节

小雪：轻盈小雪，绘出淡墨风景

小雪的阳历时间为每年的11月22日或23日。农历十月中，雨下而为寒气所薄，故凝而为雪。"小"者"未盛"之意。

【小雪的由来】

小雪节气时，太阳位置运行到黄经240°，它和雨水、谷雨等一样，是反映天气现象的节气。小雪，顾名思义，天气还没有彻底寒冷。古籍《群芳谱》中说："小雪气寒而将雪矣，地寒未甚而雪未大也。"此时虽然有可能有小雪，但雪量不大，地面上又没有积雪，故称为小雪。

古时人们将小雪时节分为三候："一候虹藏不见；二候天气上升，地气下降；三候闭塞而成冬。"这句话的意思是说，由于气温降低，北方以下雪为多，不再下雨了，雨虹也看不见了；由于天空中的阳气上升，地下的阴气下降，导致阴阳不交，天地不通；天地闭塞而转入严寒的冬天。

【气候特点与农事】

小雪节气后，是寒潮和强冷空气活动较为频繁的季节，受强冷空气影响时，常会伴有入冬以来的第一次降雪。我国北方地区基本上都进入了冬季，长江中下游许多地区也将陆续进入冬季。随着冬季的来临，全国降水逐渐跌入一年中的低谷，不过，此时南方的降雨相对较多，天气阴冷潮湿。在这个时候，农民朋友应主要做好以下农事安排与活动：

（一）华南地区的农事安排与活动

在华南一些地区，小雪期间田间依然有庄稼，以广东为例，当地有民谚云："小雪满田红，大雪满田空。"这里的红并不是指红颜色，而是指农活多，此时正是收获晚稻、播种小麦的时节。

小麦应在小雪后三五天播种完，因为这时候气温尚高，日照充足，有利于出苗。播种时，应施足基肥，若遭遇干旱，应及时灌水和中耕除草。播种完小麦，还要抓紧时间播种大麦。

（二）长江中下游地区的农事安排与活动

小雪期间，长江中下游开始进入冬季，有些地区已经下霜，此时应开始小麦、油菜的田间管理，并开始积肥。

（三）黄河中下游地区的农事安排与活动

小雪节气期间，北方地区寒冷，最低气温多在0℃以下，应做好牲畜的防寒保暖工作。此时还要做好贮藏白菜的准备，在收获的前10天左右要停止浇水，以防受冻，并在晴天抓紧收获。果农应修剪果树，用草秸编箔包扎株杆，以防果树受冻。

【小雪民俗及民间宜忌】

小雪节气的习俗，你知道多少呢？有吃糍粑、吃刨汤、腌制腊肉等。接下来，就让我们来看看这些有趣的民俗吧。

（一）吃糍粑

在古时候，糍粑是南方地区传统的节日祭品，最早是农民用来祭牛神的供品。民谚云："十月朝，糍粑碌碌烧。""碌碌烧"是客家话，"碌"是指像车辘般滚动，意思是说，用筷子卷起糯米粉团像车辘般四周滚动，以粘上芝麻花生砂糖；"烧"就是热气腾腾的意思，是说吃糍粑一要热，二要玩，三要斗（比较），才过瘾。时至今日，南方某些地方还有农历十月吃糍粑的习俗。

糍粑是将糯米蒸熟后，再通过特质石材凹槽冲打而成。手工打糍粑非常费力，但做出来的糍粑味道非常好。有纯糯米做的糍粑，也有小米做的糍粑，还有用糯米与小米拌和或者用玉米与糯米拌和而成。除此之外，还用黏米与糯米磨成粉，倒在一种用木雕模做的、模内刻有图案花纹的"脱粑"里。

（二）吃刨汤

吃刨汤是土家族的习俗，通常在小雪节气前后，土家族人就开始了一年一度的"杀年猪，迎新年"民俗活动。

在"杀年猪，迎新年"民俗的活动中，人们会制作刨汤，刨汤是宰年猪时用猪内杂，如肺、水油及一些肥肉、脑髓等食材，将其剁细后拌上糯米饭、猪血及辣蓼、花椒等香料调成糊状，再加上适量的盐，灌进洗净的小肠，放入锅中煮制而成。如果刨汤里再添些猪骨头、肥肉、生猪血、瘦肉、萝卜、白菜等食材，倒上山泉水合锅而煮，就做成了刨汤火锅。

此外，土家人还会吃"刨汤肉"。刚宰杀的猪经开水燖毛后，猪肉还没有完全冷却变成僵硬的肉块前，人们趁机将其烹制成各种美味的鲜肉大餐，即为"刨场肉"，又称为"吃活肉"或"吃活食"。

（三）晒鱼干

台湾有谚语云："十月豆，肥到不见头。"这里的"豆"是指在嘉义县布袋一带在农历十月就可以捕到"豆仔鱼"。乌鱼群一般会在小雪前后来到台湾海峡，此外还有沙丁鱼、旗鱼等。此时，渔民们就开始晒鱼干、储存干粮。

晒鱼干时，多会选大鱼，将鱼鳞去掉。如果鱼大，就在脊背骨下及另一边的肉厚处，分别开片，使卤水更容易渗透。然后将鱼身剖腹，去掉内脏。鱼清理干净后，将盐、小茴香、花椒、大料、陈皮放入锅中炒至微黄，均匀地抹在鱼的内外两侧，之后，就可以将鱼放在阴凉处晾置了。四五天后，要将鱼上下翻个，使调料均匀吸收。再过四五天，就可将鱼挂在阴凉通风处，一般两三个月后即可取下，剁成段，用保鲜膜包起来放入冰箱。

（四）腌制腊肉

民间有"冬腊风腌，蓄以御冬"的习俗，加工制作腊肉的传统习惯久远且普遍。小雪节气后，气温骤降，天气变得干燥，此时是加工腊肉的好时候，每家每户都会杀猪宰羊，将过年用的鲜肉留够之后，其余的肉都会用食盐，配以一定比例的八角、桂皮、丁香、花椒、大茴等香料腌起来。

一般在7—15天之后，将腌制的腊肉用棕叶绳索串挂起来，滴干水，再进行加工制作，用甘蔗皮、椿树皮、柏树枝或者柴草火慢慢熏烤，然后挂起来用烟火慢慢熏干，或者挂在烧柴火的烤火炉上空，或者挂在烧柴火的灶头顶上，慢慢熏干。

西北地区的一些城市，即使到了小雪节气，不杀猪宰羊，也会在市场上挑选上好的白条肉回家腌制，熏上几块腊肉，品品腊味。

在小雪这一天，农家忌讳天不下雪。农谚说"小雪不见雪，来年长工歇"，意思是说，到了下雪时令还没有下雪，北方冬小麦就可能缺水受旱，病虫害也容易越冬，从而使得小麦歉收。

【饮食起居宜忌】

小雪时节，降水形式开始由雨变为雪，说明天气更冷了。那么，在这个时节，人们在饮食起居方面应该注意些什么呢？

（一）宜多吃苦味食品

小雪时节，天变冷了，很多人喜欢吃火锅等辛辣食物，这容易导致人体产生"内火"，即人们常说的上火，所以，人们应该适当吃些苦味食物，如苦瓜、莲子心、芹菜叶等。

（二）适当运动，调摄身心

小雪过后，木枯草衰，万物凋零，会让人触景生情，抑郁不乐，此时一定要适当运动，以改变情绪，调摄身心。

（三）出门要戴帽

此时，天气已经很冷了，出门的时候若不戴帽子，使头部露在外面，很容易受风寒。头部一旦受寒，就容易引起感冒，所以，要注意头部保暖，戴帽子时最好能捂住耳朵，以免耳朵被冻伤。

（四）多晒太阳

常晒太阳能助发人体的阳气。特别在冬季，大自然处于"阴盛阳衰"状态，人应该顺应自然规律，常晒太阳，这样能起到壮阳气、通经脉的作用。

【健康食谱】

小雪过后，饮食上也要遵照"寒则温之，虚则补之"的原则，多吃些温热的食物以提升御寒能力。

葱爆羊肉

配料：

羊肉250克，葱白3段，色拉油适量，食盐1茶匙，料酒1汤匙，生抽1汤匙，白糖2克。

做法：

第一步，羊肉片化冰备用，葱白斜刀切丝备用。

第二步，锅中倒入适量的色拉油，油温约六成热，放入羊肉片，迅速滑散翻炒，烹入料酒。

第三步，待羊肉片开始陆续变白时，加入葱丝继续快手翻炒均匀，放入生抽、白糖、食盐炒匀即可出锅。

功效：

养胃，温补肝肾，健胃护眼，增强抵抗力。

皮蛋瘦肉粥

配料：

大米适量，松花蛋2个，猪肉150克，色拉油适量，食盐适量，姜5克，料酒适量，淀粉少许，白糖2克。

做法：

第一步，准备一锅慢火煲好的白粥，切片的瘦肉用食盐、色拉油、料酒、淀粉和白糖加姜丝腌30分钟，皮蛋切成小粒。

第二步，用小锅按个人的分量装上白粥，小火加热到粥起小气泡，先加入切粒的皮蛋煮几分钟。

第三步，放瘦肉片，在粥里搅开，看见肉色变浅就可以关火，用余温焖几分钟即可。

功效：

补血，健脑，强身健体。

第三节

大雪：大雪深雾，瑞雪兆丰年

大雪的阳历时间为每年的12月7日或8日。"大"者，"盛"也，至此而雪盛也。

【大雪的由来】

大雪节气，太阳到达黄经255°。大雪的意思是，天气更冷了；降雪的可能性比小雪时更大了，并不是指降雪量一定很大。大雪能起到天气预报的作用，民谚有"大雪不寒明年旱""大雪晴天，立春雪多"等。

远在春秋时代，古人就定出了仲春、仲夏、仲秋和仲冬4个节气。我国古代将大雪分为三候："一候鹖鴠不鸣；二候虎始交；三候荔挺出。"这句话的意思是说，大雪时节，天气寒冷，使得寒号鸟都不再鸣叫了；此时是阴气最盛的时候，正所谓盛极而衰，阳气已有所萌动，因此老虎开始有求偶行为；"荔挺"为兰草的一种，因感到阳气的萌动而抽出新芽。

【气候特点与农事】

大雪节气的气候呈现出三大特点：一是华北及黄河流域气温

降到0℃以下，此时，除了华南和云南南部无冬区外，其他地区都已经进入了冬季；二是南方尤其是广州及珠三角一带，依然草木葱茏，干燥明显；三是华南多雾，午后温暖，在大雪时节，多雾是华南气候的一个显著特点，多出现在12月，一般在午前消散，午后天气较为温暖。在这个时节，农民朋友的农事安排与活动较少，主要有以下几项内容：

（一）浇冻水

到了大雪时节，我国北方大部分地区的气温已经降到0℃以下，冬小麦已经不再生长。民谚云"瑞雪兆丰年"，此时，若下雪不及时，应该利用天气稍暖的时机浇一两次冻水，以增强小麦越冬能力。

（二）做好田间管理

江淮及以南地区的油菜、小麦仍然在缓慢生长，此时依然要加强这些农作物的田间管理，清沟排水、追施腊肥、增温保墒，确保农作物安全越冬，为来春生长做好准备。

（三）清沟排水

此时，华南、西南小麦进入分蘖期，应结合中耕施好分蘖肥，并做好冬季作物的清沟排水工作。另外，要对贮藏的蔬菜和薯类时常进行检查，适时透气，以防温度上升过高、湿度过大引起烂窖。

除了以上农事外，果农应在此时修剪果树，加强果树越冬管理，养殖户要做好牲畜的越冬保暖工作。

【大雪民俗及民间宜忌】

大雪节气后，寒气逼人，进入了隆冬，人们为了迎接大雪节气的到来，有诸多习俗。那么，大雪节气有哪些习俗呢？

（一）大雪进补

民间素有"冬天进补，开春打虎"的说法。老南京人大雪进补最爱吃的就是羊肉，有"冬天羊肉劲补"之说。上海人也讲究大雪食补，用大白菜来炖肉，烧个"烂糊肉丝"，尝尝酸甜可口的红山楂，都是不错的选择。此外，大雪节气前后是柑橘类水果上市的时候，如南丰蜜橘、官西柚子、脐橙、雪橙都非常适合进补。

（二）吃萝卜圆子

大雪时节，南京人有吃萝卜的习俗，用萝卜加工成的萝卜圆子，多年来一直风靡老城南一带。萝卜圆子的做法很简单，挑一根滚圆实在的萝卜，洗净削皮后，用刨子刨成萝卜丝，再将一定量的面粉掺进去，调成糊状，放些虾末及姜、葱、味精、盐等调味品，就可用汤匙一个一个放入油锅中，炸到黄澄澄的颜色时即可取出。

旧时，在菜场或者街头，都有卖萝卜圆子的小商小贩。即使是现在，金陵小吃的魅力依然在，具有地道土特产风味的萝卜圆子仍然深受人们的喜爱。

（三）喝红薯粥

鲁北民间有"碌碡顶了门，光喝红黏粥"之说，意思是说，天气冷冷，人们不再串门了，只能在家里喝暖乎乎的红薯粥度日。

（四）大雪腌肉

在一些地方，有大雪腌肉的习俗。老南京有这样一句民谚："小雪腌菜，大雪腌肉。"大雪节气一到，每家每户都开始忙着腌制"咸货"，为即将到来的新年做准备。

腌肉的方法很简单，把猪头买回来后，用盐抹上，加上八角、香精、花椒等作料，腌好后，将猪头挂在自家屋檐下。猪头风干后，吃的时候先用大火烧开，肉汤沸腾后，再用文火慢炖。直至骨酥肉烂，然后切点猪头肉，弄碗矮脚黄青菜，再配点辣椒酱，味道鲜美至极。

为什么大雪要腌肉呢？这里有一个非常有趣的传说。相传古时候有一种叫"年"的怪兽，头上长着尖角，非常凶猛。"年"长年深居在海底，每到除夕的时候，都会爬上岸来伤人。人们为了躲避年，一到年底，便足不出户。所以，在"年"这个怪物出来之前，必须储备足够的食物，因鸡、鸭、鱼肉不便保存，南京人就想出了腌制存放的方法。

（五）溜冰、堆雪人

到了大雪节气，河里的水都冻住了，人们就可以尽情地到冰上玩耍了。溜冰、堆雪人、滑雪是年轻人最喜爱的户外活动。

溜冰,又叫滑冰,古时称为冰戏。人们穿上冰鞋,脚蹬冰上,动作轻捷。技巧高超的人能做出很多花样。就连清代的乾隆帝和慈禧太后都喜欢这一游戏,一到冬月就经常到北海漪澜堂观赏冰戏。

(六)捕乌鱼待宾客

俗谚云:"小雪小到,大雪大到。"意思是说,从小雪时节开始,乌鱼群就慢慢进入台湾海峡,到了大雪时节,因天气变冷,乌鱼沿水温线向南回流,汇集的乌鱼群越来越多,渔民们很容易就能捕到乌鱼。所以,乌鱼常被台湾人当作上等佳肴来招待宾客。

大雪时,民间忌讳没有雪,有谚语云"大雪兆丰年,无雪要遭殃""冬无雪,麦不结"。因为大雪覆盖大地,可以为农作物保暖,还能防止春旱,更能冻死病虫害。

【饮食起居宜忌】

大雪时节,天气更冷,降雪的可能性更大了,此时,人们在饮食起居方面应注意以下几点:

(一)家里多通风

天气冷了,家里开了空调或者暖气,非常舒服,因害怕寒冷就不愿意开窗了,这种做法是不正确的。家里应该每天都要通风,每次以10分钟为宜,帮助家里更换新鲜空气,也可以减少潮湿。

（二）多晒被褥

冬天，不仅我们要多晒太阳，被褥也要多晒日光浴，以杀死尘螨与细菌，还能让被子里的棉花更加蓬松，更适合休息。

（三）多喝水

冬天虽然排汗排尿减少，但大脑与身体各器官的细胞仍需要水分滋养，促进正常的新陈代谢。所以，冬天大家一定要多喝水，不要等到口渴了再去喝，要养成定时喝水的好习惯。

（四）天冷记得戴口罩

天气寒冷，最受伤害的就是鼻腔，也很容易引起感冒。冬季是伤风感冒的多发季节，而且流感主要靠唾液与喷嚏传播，所以，出门的时候要记得戴口罩。

【健康食谱】

大雪节气，天气寒冷，此时是进补的好时机。那么大雪养生食谱，你知道有哪些吗？

海带炖豆腐

配料：

豆腐250克，海带125克，精盐、姜末、葱花、花生油各适量。

做法：

第一步，先将海带泡发，洗净，切成菱形片。

第二步，将豆腐切成大块，放入锅内煮沸，捞出过凉，切丁。

第三步，锅内放油烧热，加入葱花、姜末煸香，放入豆腐丁、海带片，加水适量，烧沸；加入精盐，改用小火炖到海带、豆腐入味时出锅即成。

功效：

温补肾气，增加人体的抗寒能力。

桂花枸杞粥

配料：

枸杞和桂花各10克，大米100克，白糖15克。

做法：

第一步，把桂花洗干净，大米也淘洗干净。

第二步，枸杞去掉果柄和杂质并洗干净。

第三步，把桂花、枸杞子和大米一起放在锅内，加入适量的水，用大火煮沸后，再改用文火煮35分钟，要吃的时候加入白糖，即可。

功效：

散寒破结，化痰止咳，养肝明目，润肺止咳。

第四节

冬至：冬至如年，寒梅待春风

冬至的阳历时间为每年的12月21—23日之间。阴极之至，阳气始生，日南至，日短之至，日影长之至，故曰"冬至"。

【冬至的由来】

冬至，太阳运行至黄经270°，它是二十四节气中最早被制定的之一，其起源于一次国家层面的都城规划。早在3000多年前，周公始用土圭法测影，在洛邑测得天下之中的位置，定此为土中，然后开始占卜国家社稷的吉地，没想到当时有着政治意义的举动，却成了影响后世几千年的节日之一。

冬至日，太阳直射地面的位置到达一年的最南端，太阳几乎直射南回归线，阳光对北半球最为倾斜。所以，冬至日是北半球各地一年中白天最短的一天，并且越往北白天越短。对北半球各地来说，冬至也是全年正午太阳高度最低的一天。

我国古人将冬至分为三候："一候蚯蚓结；二候麋角解；三候水泉动。"传说蚯蚓是阴曲阳伸的生物，冬至时节，阳气虽已生长，但阴气仍十分强盛，藏在土中的蚯蚓仍然蜷缩着身体；麋与鹿虽属同科，但阴阳不同，古人认为麋的角朝后生，所以为阴，而冬至一阳生，麋感阴气渐退而解角；因阳气初生，所以这个时候山中的泉水可以流动并且温热。

【气候特点与农事】

冬至过后，各地气候都进入一个最寒冷的阶段，即人们常说的"进九"。我国民间有"冷在三九，热在三伏"之说。不过，因我国幅员辽阔，各地气候差异较大，东北千里冰封，黄淮地区也常常是银装素裹，长江南北的平均气温在5℃以上，而华南沿海的平均气温依然在10℃以上。

进入冬至后，农事安排与活动相对较少，主要包括以下内容：

（一）兴修水利、做好农田建设等工作

我国北方已经进入农闲，田间已经基本上没有农作物了，此时是兴修水利、大搞农田基本建设、积肥造肥的大好时机，还要施好腊肥，做好防冻工作。

（二）加强对冬作物的管理

江南地区一些冬作物仍然在继续生长，菜麦青青，所以，农民朋友依然要加强对冬作物的管理，做好培土壅根、清沟排水的工作，抓紧耕翻还没有犁翻冬板田，以疏松土壤，增强蓄水保水能力，并做好防治越冬害虫的工作。

（三）做好春种、水稻秧苗的御寒工作

冬至时节，在我国南部沿海地区已经开始春种，要做好水稻

秧苗的御寒工作，对越冬蔬菜追施薄粪水、盖草保温防冻，尤其应加强苗床的越冬管理。此外，还要做好畜禽的冬季饲养管理、保温防寒等工作。

【冬至民俗及民间宜忌】

冬至也叫"夜长至""昼短至"，此时天气寒冷，所以，冬至的很多习俗都与饮食有关。接下来我们就来盘点一些冬至的民间习俗。

（一）祭祖

冬至是中国的一个传统节日，曾有"冬至大如年"之说，自古宫廷和民间都十分重视，从周代起就有祭祀活动。

河北《深泽县志》记载："冬至，祀先，拜尊长，如元旦仪。"意思是说，冬至祭祖、拜谒尊长，要像过元旦一样举行隆重的仪式。在安徽桐城，冬至这一天要上祖坟烧纸钱祭祖，并修坟整墓。

在潮汕地区和泉州，冬至这一天都要回家。在泉州，冬至出门在外的人都要尽可能地回家过节谒祖。祭祖仪式和清明节祭祖合称为春冬二祭，参加者要十分虔诚。潮汕地区有民谚曰"冬节没返没祖宗"，意思是说，外出的人在冬至这一天一定要赶回家祭拜祖先，不然就没有祖家观念。

在上海金山，在过去冬至日有冬落葬、烧小孩棺材的习俗，现今已经演变为骨灰盒落葬等。此外，杭州、湖州也有扫墓习俗。

（二）结算工钱

陕西有谚语曰："冬至大如年，先生不放（假）不给钱。冬至大似节，东家不放（工）不肯歇。"意思是说，冬至如同过年一样，非常重要，学生、长短工都应该放假。过去用人习惯在冬至这一天与东家结算工钱，按照传统的习俗，东家要设宴招待伙计，并商议来年的事宜。

据悉，时至今日，一些农村个人户企业依然保留着这个习俗，在冬至日设宴。南方的一些地方也如此，在冬至前一天，亲朋好友互赠食物，称为"冬至盘"，晚上人们设宴饮"节酒"，过冬至夜。

（三）舅姑赠鞋

民间有冬至日赠鞋的习俗，后来，赠鞋给舅姑的习俗，演变成了舅姑给外甥、侄子赠鞋帽，主要体现在孩子身上。送给男孩的帽子上多做一些狗形、虎形，鞋上刺绣的也都是猛兽；送给女孩的帽子多做些凤形，鞋上刺绣多为花鸟。

现在，鞋、帽大多从集市上购买，每到冬至的时候，一些地方的人们总喜欢抱着小孩串门，夸耀舅姑赠送的鞋帽。

（四）宴请老师

在立冬这一天，旧俗要由村子里德高望重之人牵头，宴请教书先生。先生要带领学生跪拜孔子的牌位，再由德高望重之人带领学生拜先生。今日，山西仍然有冬至请老师吃饭的习俗，晋西北习惯用炖羊肉招待老师。

（五）吃饺子

冬至日，北方有吃饺子的习俗，如河南会"捏冻耳朵"。"捏冻耳朵"是河南人对吃饺子的俗称。

相传南阳医圣张仲景还乡时正好赶上下大雪，寒风刺骨，他看见乡亲们衣不遮体，有很多人的耳朵都冻坏了，就叫弟子用羊肉、辣椒和一些驱寒药材放到锅里煮熟，捞出来剁碎，然后用面皮包成像耳朵的样子，放锅里煮熟，给百姓食用。服食后，乡亲们的耳朵都给治好了。后来，每到冬至的时候，人们都会吃饺子，还有"不吃饺子掉耳朵"的说法。

（六）吃馄饨

北方有"馄饨拜冬"的冬至习俗，过去老北京有"冬至馄饨夏至面"的习俗。据说，汉朝时，北方匈奴常骚扰边疆，百姓民不聊生。当时匈奴部落中有屯氏和浑氏两位首领，都十分残暴，老百姓非常痛恨他们。于是，就用肉馅包成角儿，取"浑"与"屯"之音，呼作"馄饨"，用吃馄饨的方法来释放心中的怨恨，渴望远离战乱。因当初制作馄饨是在冬至这一天，所以，后人们便在冬至这一天，每家每户都吃馄饨了。

（七）吃"冬至圆"

冬至时，浙江人有吃"冬至圆"的习俗，在台州会吃擂圆，"圆"寓意"团圆""圆满"。擂圆是用糯米粉做成的，先把糯米粉温水和揉成面团，再做成醋碟大小的圆子，煮熟后放在豆黄粉里滚动，因这个过程方言叫"擂"，故冬至圆起名叫"擂圆"。因豆黄粉中掺入了红糖，味道十分香甜，称之为甜圆。除了甜圆，有的人家还会做咸的"冬至圆"。咸圆就是在糯米团里放馅，包猪肉、胡萝卜、白萝卜、豆腐干、冬笋、香菇等，可蒸可煮，味道鲜香。

最有意思的是潮汕人，他们吃了"冬至圆"后，还会在门、窗、橱、梯、床、桌等显眼处粘上两粒，甚至渔家的艚、耕牛的牛角、种植的果树上也会粘上。

（八）吃"冬至肉"、供"冬至团"

在南方一些地区有吃"冬至肉"的古老习俗，扫墓后，同姓宗族祠堂会按人丁分发"胙肉"。肉分为生、熟两种，分时按学历高低，以示鼓励，同时优先照顾老人。现在湖南的一些地方仍然有此风俗，在冬至这一天杀鸡宰猪，把肉阴干享用。

此外，江南还有供"冬至团"的习俗，"冬至团"是以糯米粉为面团，包肉、菜、果、豇豆、赤豆沙、萝卜丝、糖等蒸成，主要充作供品，也可待客或赠送乡邻。

（九）吃小葱烧豆腐

在南京，冬至这一天要吃小葱烧豆腐。常州人喜欢吃热豆腐，有民谚曰："若要富，冬至隔夜吃块热豆腐。"在苏州，冬至日亲朋好友要用礼盒送一种类似春盘的食品。

（十）吃狗肉

据说冬至吃狗肉的习俗起源于汉代。相传，汉高祖刘邦在冬至这一天吃了樊哙煮的狗肉，觉得味道十分鲜美，连连称赞，从此在民间就有了冬至吃狗肉的习俗。在贵州，冬至日吃狗肉是十分普遍的。

（十一）吃"安乐菜"

杭州人会在冬至这一天煮赤豆饭，蒸新米糕，并把冬至那天吃剩的鱼头鱼尾放在米缸里过一夜，第二天再拿出来吃，称为"安乐菜"。

为什么会在冬至日吃赤豆饭呢？相传，共工氏有个不才子，作恶多端，在冬至这一天死去了，死后变成疫鬼，继续残害百姓。但疫鬼最怕赤豆，于是，人们就在冬至这一天煮吃赤豆饭，驱避疫鬼，防灾祛病。

（十二）九九消寒

入九以后，有些文人、士大夫会举办消寒活动，择一"九"日，相约九人饮酒（"酒"与"九"谐音），席上用九碟九碗，成桌者用"花九件"席，以取九九消寒之意。

（十三）吃麻糍

麻糍是江西、浙江的特产，也是福建的传统小吃、祭祀时的供品，是闽南著名小吃，其中以南安英都出产最为出名，其原料为上好糯米、芝麻、花生仁、冰糖、猪油等。

（十四）台湾糯糕

在台湾冬至这一天有用九层糕祭祖的传统，用糯米粉捏成鸡、鸭、龟、猪、牛、羊等象征吉祥如意福禄寿的动物，然后用蒸笼分层蒸成，用来祭祖。同姓同宗者在冬至或前后约定一个日子，在那一天一大早就集中到祖祠中照长幼之序祭拜祖先，俗称"祭祖"。祭祖完毕之后，会大摆宴席，招待前来祭祖的宗亲们，称之为"食祖"。

（十五）喝冬酿酒

姑苏地区对冬至节气十分重视，传统的姑苏人家会在冬至这一天夜里喝冬酿酒。这是一种米酒，加入桂花酿造，在饮酒的同时，还会配上卤牛肉、卤羊肉等各种卤菜，寄托对生活的一种美好祈愿。

了解完冬至的习俗外，我们再来看一看冬至的民间禁忌。冬至的民间禁忌较多。

禁忌一：冬至晚上不出门

根据民间习俗，在盘古开天地之时，正值冬至。天被打开时，万恶无首，在天地间遨游，所以，民间就流传冬至的晚上不能出门，而且不能佩戴红绳、铃铛、风铃等招鬼物。

禁忌二：不能贪财

在冬至这一天，路边的钱是不能捡的，因为这些钱是用来买通牛头马面的，否则，就会被牛头马面教训。

禁忌三：不能插筷子

不能把两根筷子插在饭碗中央，这如同香插在香炉上，是祭拜的模式，会以为是你在招鬼来分享食物。

禁忌四：不要游泳戏水

冬至日不可去危险水域戏水，相传"水鬼"会在这一天找人当替死鬼，以便投胎。

禁忌五：不要偷吃祭品

不要偷吃祭品，否则会招来难以解决的厄运。

禁忌六：不能结婚

古人认为结婚的日子要避开四立四至前一天，即二十四节气中的立春、立夏、立秋、立冬和春分、秋分、夏至、冬至前一天，传统习俗中认为此为四绝日及四离日，此时结婚不吉利。

【饮食起居宜忌】

从冬至这一天开始，我国开始进入数九寒天，即人们常说的"进九"。那么，此时人们在饮食起居上应注意哪些事项呢？

（一）出行速度要慢一些

冬至天寒地冻，出行速度要放慢，无论是走路、骑车还是开车，都要注意安全，以免摔伤；尤其是老年人更要注意，冬季是老年人发生骨折的高发期。

（二）每天泡脚

脚部的血液循环比手部要差一些，所以，在冬季最好每天晚上都要泡脚，可以选择稍微热些的水，既可以放松脚，又能促进血液循环，对于防止脚部生冻疮、快速休息都有好处。

（三）以粥养人

冬季饮食忌黏硬生冷，所以，冬季喝粥是最养人的。早晨起床后喝一碗热粥，有助于养胃气，尤其是糯米红枣百合粥、八宝粥等最适宜。

（四）适当运动

即使是在寒冷的冬季，适当进行户外锻炼也是非常必要的，但应在太阳升起来后再外出活动，防止阳气过度消耗。运动量不宜过大，以免因出汗过多而伤风感冒。

【健康食谱】

冬至可进补的食材有很多，你知道该如何选择吗？不妨试试下面的两款食谱，非常适合冬至时节食用。

羊肉炖萝卜

配料：

白萝卜500克，羊肉250克，姜、料酒、食盐适量。

做法：

第一步，白萝卜、羊肉洗净切块备用。

第二步，锅内放入适量清水，将羊肉入锅，开锅后5分钟捞出羊肉，水倒掉。

第三步，重新换水烧开后放入羊肉、姜、料酒、食盐，炖至六成熟，将白萝卜入锅炖至熟。

功效：

益气补虚，温中暖下。

炒双菇

配料：

香菇、鲜蘑菇等量，植物油、酱油、白糖、水淀粉、味精、盐、黄酒、姜末、鲜汤、麻油适量。

做法：

第一步，香菇、鲜蘑菇洗净切片。

第二步，炒锅烧热入油，下双菇煸炒后，放姜末、酱油、白糖、黄酒继续煸炒，使之入味。

第三步，加入鲜汤烧滚后，放味精、盐，用水淀粉勾芡，淋上麻油，装盘即可。

功效：

补益肠胃，化痰散寒。

第五节

小寒：小寒信风，游子思乡归

小寒的阳历时间为每年的1月5日—7日之间。"冷气积久而寒，小者，未至极也"。

【小寒的由来】

小寒，二十四节气中的第二十三个节气。小寒时，太阳运行到黄经285°。小寒之后，我国气候开始进入一年中最寒冷的时段。那么，为什么不叫大寒而叫小寒呢？

因为节气起源于黄河流域。《月令七十二候集解》中说"月初寒尚小……月半则大矣"，这句话的意思是说，在黄河流域，当时大寒要比小寒冷，又因小寒还处于"二九"的最后几天，也就是说，小寒过几天后，才进入"三九"，并且冬季的小寒正好与夏季的小暑对应，故称为小寒。而大寒恰好与大暑对应，所以称为大寒。

我国古时将小寒分为三候："一候雁北乡；二候鹊始巢；三候雉始雊。"古人认为候鸟大雁是顺阴阳而迁移，此时阳气已动，故大雁开始向北迁移；在这个时候，北方到处可见到喜鹊，并且感觉到阳气而开始筑巢；"雉雊"的"雊"是鸣叫之意，雉在接近"四九"时会感受到阳气的生长，所以鸣叫。

【气候特点与农事】

小寒时节，不同区域的温度大幅下降。东北地区的平均气温在-20℃上下；秦岭一线平均气温在0℃左右，此线以南已没有季节性的冻土，冬作物也没有明显的越冬期；江南地区平均气温一般在5℃上下。相比之下，南方地区的冬暖显著，华南冬季最低气温不低，有利于生产。那么，此时有哪些农事安排与活动呢？

（一）做好防寒防冻、积肥造肥、兴修水利等工作

小寒时节，南方的一些地区要及时给小麦、油菜等作物追施冬肥，华南大部分地区要做好防寒防冻、积肥造肥和兴修水利等工作，并进行冬翻晒垄，抓紧越冬作物的田间管理，做好牲畜防冻保温工作。

（二）做好防御寒潮工作

进入小寒节气后，南方的一些地区会有遭遇寒潮的风险，此时，在冬前浇好冻水、培土壅根、施足冬肥的基础上，采用人工覆盖法以防御农林作物冻害。当寒潮到来之时，泼浇稀粪水，撒施草木灰，以减轻低温对油菜的危害。

（三）大棚蔬菜与露地蔬菜的管理

大棚蔬菜要尽量多照日光，即使遇到雨雪低温天气，草帘等覆盖物也不可连续多日不揭，不然会影响植株正常的光合作用，

待到天晴时揭帘可导致植株萎蔫死亡。

露地栽培的蔬菜应用作物秸秆、稻草等稀疏地撒在菜畦上，既不影响光照，又能降低菜株间的风速，阻挡地面热量散失，具有保温防冻的作用。如遇到寒潮低温，可加厚覆盖，待温度升高后再揭开。

（四）茶园管理

高山茶园，尤其是西北易受寒风侵袭的茶园，要用稻草或塑料薄膜覆盖棚面，防止风抽而引起枯梢。

【农历节日】

腊八节，古代称为"腊日"，俗称"腊八"，即农历十二月初八。相传这一天还是佛祖释迦牟尼成道之日，称为"法宝节""佛成道节"。从先秦开始，腊八节就是用来祭祀祖先和神灵，祈求丰收和吉祥的。除祭祖敬神的活动外，人们还要逐疫。关于腊八节的由来，民间有很多传说。

传说一

相传，上古五帝之一的颛顼氏，三个儿子死后都变成了恶鬼，专门出来吓唬孩子。古代人都比较迷信，害怕鬼神，大人小孩中风得病，身体不好，都会被看成是疫鬼作祟。这些恶鬼什么都不怕，唯独怕赤（红）豆，故有"赤豆打鬼"之说。因此，在腊月初八这一天用红小豆、赤小豆熬粥，以祛疫迎祥。

传说二

当年，岳飞率部下在朱仙镇抗金，正值数九严冬，岳家军忍饥挨饿，百姓纷纷送粥，岳家军饱餐了一顿百姓送的"千家粥"，大胜而归。这一天正是十二月初八。岳飞死后，人们为了纪念他，每到腊月初八，就会用杂粮豆果煮粥，最终成俗。

传说三

秦始皇修建长城，天下民工奉命而来，长年不能回家，吃粮只能靠家人送。有些民工，离家很远，粮食送不到，便饿死在工地上。有一年腊月初八，无粮吃的民工们合伙积了几把五谷杂粮，放在锅里熬成稀粥，每人喝了一碗，但最终还是饿死在了长城下。为了悼念饿死在长城工地上的民工，人们每年的腊月初八都会吃腊八粥，以示纪念。

传说四

当年朱元璋落难，被关在牢房里受苦。当时正是数九寒天，又饿又冷的朱元璋竟然从牢房的老鼠窝里刨出一些红豆、大米、红枣等杂粮，便把这些东西熬成了粥。因那天正是腊月初八，朱元璋便给粥起名为腊八粥。后来，朱元璋平定天下，做了皇帝，为了纪念在监牢中那个特殊的日子，就把这一天定为腊八节，把自己那天吃的杂粮粥正式命名为腊八粥。

了解完了有关腊八节的传说，我们再来了解一下腊八节有哪些有趣的民俗，有些民俗时至今日一直流传着。

（一）喝腊八粥

每到腊八这一天，不管是朝廷、寺院还是平民百姓，都会做腊八粥。我国各地腊八粥的花样、品种繁多。最讲究的当属北京，掺在白米中的物品较多，有红枣、栗子、杏仁、松仁、桂圆、莲子、红豆、核桃、榛子、葡萄、花生、白果、菱角等。人们在腊月初七的晚上，就开始忙碌，洗米、剥皮、去核、精拣，然后在半夜时分就开始煮，再用微火炖，一直忙到第二天清晨，腊八粥才熬好。

更为有趣的是，有些地方不称"腊八粥"，而是叫作煮"五豆"。有的在腊八当天煮，有的在腊月初五就开始煮了，还用面捏些"雀儿头"和米、豆（五种豆子）同煮。据说，腊八吃了"雀儿头"，麻雀头痛，来年不糟蹋庄稼。煮的"五豆"，除了自食，也赠送亲邻，每天吃饭时吃一些，一直吃到腊月二十三，象征年年有余。

（二）吃腊八面

吃腊八面是陕西的风俗，在腊月初八太阳出来之前，每家每户都要吃一碗热气腾腾的腊八面。旧时，陕西大荔和临潼、凤翔一带，人们在腊八节这一天要煮面敬神，故叫作"腊八面"。

起初，关中农村的腊八面是用黄豆、小米煮粥下面条，尔后用八种蔬菜和肉爁成臊子下面条。如今腊八面的食材越来越丰富了，芝麻、花生米、莲子、菠菜、黄花、木耳等都可以同面条一起煮，营养丰富又好吃。

（三）做腊八豆腐

做腊八豆腐是安徽黟县民间习俗。用上等小黄豆做成豆腐，把豆腐抹以盐水，在阳光下慢慢烤晒而成。腊八豆腐平时用草绳悬挂在通风处晾晒，吃时再取下来，一般可晾放3个月不变质、变味。招待贵宾时，人们还会将腊八豆腐雕刻成动物、花卉的模样，淋上麻油，拌上葱、姜、蒜等作料，配成冷盘。

（四）泡制腊八蒜

北京、华北大部分地区有在腊八这一天泡制腊八蒜的习俗，用紫皮蒜和米醋，把蒜瓣的老皮去掉，浸入米醋中，装入小坛封上口放到一个冷的地方，直到蒜变成绿色。

旧时商号会在腊月初八拢账，算清一年的收支盈亏。债主也会在腊八这一天提醒欠钱人家准备还钱。腊月里人们讲究忌讳，所以，用与"算"字同音的"蒜"，来代替算账的"算"。

（五）吃冰

腊八的前一天，人们会用钢盆舀水结冰，等到腊八节就脱盆冰并把冰敲成碎块。据说腊八这一天吃冰，以后一年都不会肚子疼。

（六）祭祀

腊八原本是祭祀的日子，所以，一些地方至今保留着这样的风俗。祭祀的对象包括司啬神后稷、农神田官之神、水庸神、昆虫神、先啬神、神农、邮表畷神、开路、划疆界之人、猫虎神、坊神等。唐宋以后又加入了拜祭佛祖的成分，以祈求神灵、佛祖、先人庇佑。

【小寒民俗及民间宜忌】

小寒是一年中最冷的时节，我国各地有很多相关的节气民俗，如补膏方、吃菜饭、画图数九等。

（一）腊祭

古时，人们会在农历十二月举行合祀众神的腊祭，故把腊祭所在的农历十二月叫腊月，腊祭远在先秦时期就已形成。腊祭有三层含义：一是表达对祖先的崇敬与怀念；二是祭百神，感谢他们一年来为农业所做出的贡献；三是人们劳作了一年很辛苦，此时农事已经告一段落，可以好好游乐一番。从周代以后，腊祭之俗历代沿袭，从天子、诸侯到平民百姓，都不例外。

（二）冰戏

我国北方到了小寒节气，天寒地冻，冰期十分长，从11月起直到次年4月，河面上结了厚厚的冰。人们在冰上行走都要用爬犁。爬犁是狗或者马拉，也可以由乘坐的人手拿木杆，像撑船一样划动前行。在冰面特厚的地区多设有冰床，供人们玩耍，也有人会穿着冰鞋在冰面上溜冰，古时称为冰戏。

（三）放年学

在腊月临近春节时，私塾、学馆等就开始放假过年，即民间传统年节习俗放年学。不仅民间有此习俗，皇室也如此，皇家开学的时间为正月初六，民间则过了正月十五。一般皇家放年假两周，民间放年假四周。

（四）体育锻炼

南京人在小寒时节有一套地域特色的体育锻炼方式，如踢毽子、滚铁环、跳绳、挤油渣渣、斗鸡等。如赶上下雪，人们会玩得更加不亦乐乎，打雪仗、堆雪人。

（五）吃黄芽菜

《津门杂记》中记载，旧时天津有小寒吃黄芽菜的习俗。黄芽菜是用白菜芽做成的，是天津的特产。冬至过后，将白菜去掉茎叶，只留下菜心，离地约两寸，用粪肥覆盖，15天后取食。

（六）补膏方

我国有些地区会在小寒时节用膏方进补，既能防治疾病，又滋补身体。一般入冬时熬制的膏方都吃得差不多了，到小寒时节人们会再熬制一些，以备春节前后食用。

（七）吃糯米饭

小寒、大寒早上吃糯米饭驱寒是广东的传统习俗，有民谚"小寒大寒无风自寒"，一般是60%的糯米、40%的香米，把腊肉、腊肠切碎，炒熟，花生米炒熟，加一些碎葱白，拌在饭里吃。

（八）吃腊八粥

腊八通常在小寒与大寒之间，到了小寒时节，就快要到年了。在腊八这一天，我国很多地方的人们都有喝腊八粥的习俗，据说这一习俗始于佛寺。

有一次，释迦牟尼在修行中因饥饿昏倒在地上，好心的牧羊女用加了野果的糯米粥喂食，使其活命，这一天就是腊月初八。从此佛家便会在这一天熬粥供佛，熬的粥叫作腊八粥，"腊八"也成了"佛祖成道纪念日"，以后这一习俗传到了民间。

古籍记载，腊八粥是用白米、糯米、黄米、小米、去皮枣泥等加水煮熟，外用染红桃仁、杏仁、花生、瓜子等做点染，这些食材都属于甘温之品，有调脾胃、补中益气、补气养血、驱寒强身的作用。

（九）画图数九

相传，以前黄河流域的农家每到小寒时节，每家每户都会用"九九消寒图"来避寒养生。九九消寒图是一幅双钩描红书法，上书"亭前垂柳珍重待春风"，都是繁体字，九字每字九画共九九八十一画，从冬至开始每天按照笔画顺序填充一笔，每过一九填充好一个字，直到九九八十一天后，春天来临，一幅九九消寒图才算完成。也有的九九消寒图是描梅花等。

（十）吃鸡

老南京有逢"九"吃一只鸡、每天一个鸡蛋的进补习惯，因此，在小寒时节这一天，老南京人的餐桌上必少不了鸡蛋和鸡汤。

（十一）吃菜饭

小寒节气，老南京人讲究吃菜饭。菜饭就是用矮脚黄青菜和米饭一起翻炒，加入香肠、火腿、咸肉、板鸭丁，其中矮脚黄青菜、板鸭都是南京有名的特产。

小寒时节，民间忌讳天暖不冷，有谚语云："小寒天气热，大寒冷莫说。"意思是说，小寒是天气寒冷的时候，如果不冷，那么，大寒的时候就会非常寒冷，冷得无法用言语形容。

此外，民间也忌讳小寒时节不下雪，有"小寒大寒不下雪，小暑大暑田开裂"之说，意思是说，如果小寒不下雪，那么，来年就一定是旱年。

【饮食起居宜忌】

小寒节气过后，意味着即将进入一年当中最冷的一段时期，那么，在此时人们在饮食起居方面应做好哪些准备呢？

（一）起居应保暖

小寒是一年中最冷的节气之一，此时在起居上一定要注意保暖，尤其是颈椎病、关节病患者更要多加注意，对肩颈部、脚部等易受凉的部位要倍加呵护。

（二）腰部不宜凉

有些年轻人为了美，常常做"冻美人"，即使是在寒冷的冬季也穿低腰裤。殊不知，这对健康是非常有害的，所以，裤子最好选择高腰的，无论女孩子多爱美，都要记住腰部一定不能着凉。

（三）规律进食

不能因为工作忙，就废寝忘食，或者饮食没有规律，饥一顿饱一顿，这对胃是一大伤害，尤其是在冬季，胃本身就容易发病，如再不规律饮食，就如同火上浇油，所以，每天按时吃饭才是最佳的保胃措施。

（四）滋补养肝肾

小寒时节养生的重点是滋补肝肾，那么，如何才能滋补养肝肾呢？多食用一些温热食物是基本要求，如面条、热粥、热汤等，既能补充气血，抵御严寒，又能让身体更加强壮，少生病。

【健康食谱】

小寒标志着进入一年中最冷的日子，天冷更要多吃暖食。下面的两款食谱非常适合小寒时节食用。

强肾狗肉汤

配料：

狗肉500克，菟丝子7克，附片3克，葱、姜、盐、味精、绍酒适量。

做法：

第一步，狗肉洗净切块，置入锅内焯透，捞出待用，姜切片，葱切段备用。

第二步，锅置火上，狗肉、姜入内煸炒，烹入绍酒炝锅，然后一起倒入砂锅内，同时菟丝子、附片用纱布包好放入砂锅内。

第三步，加清汤、盐、味精、葱大火煮沸，改用文火炖两小时左右，待狗肉熟烂，挑出纱布包即可食用。

功效：

补脾胃，益肺肾。

素炒三丝

配料：

干冬菇75克，青椒2个，胡萝卜1根，植物油、白糖、黄酒、味精、盐、水淀粉、鲜汤、麻油适量。

做法：

第一步，冬菇水发洗净，挤干水分，切成细条，胡萝卜、青椒洗净切丝。

第二步，锅内放油烧热，将三丝入锅煸炒后，放黄酒、白糖后再煸炒，然后加鲜汤、盐，待汤烧开后加味精，用水淀粉勾芡，淋上麻油，盛入盘内即可。

功效：

健脾化滞，润燥。

第六节

大寒：岁末大寒，孕育又一个轮回

大寒的阳历时间为1月20日或21日。寒气之逆极，故谓"大寒"。

【大寒的由来】

大寒，二十四节气中最后一个节气，太阳到达黄经300°时。大寒，是天气寒冷到极点之意。在大寒时节，寒潮南下频繁，是我国大部分地区一年之中最冷的时期，低温、大风，地面积雪不化，呈现出天寒地冻、冰天雪地的场景。

民谚云："花木管时令，鸟鸣报农时。"花草树木、鸟兽飞禽都是按照季节活动的，所以，它们规律性的活动常常被看作是区分时令节气的重要标志。这一点在大寒的三候中表现得十分明显。

古时人们将大寒分为三候："一候鸡始乳；二候征鸟厉疾；三候水泽腹坚。"这句话的意思是说，到了大寒时节，就可以孵小鸡；鹰隼之类的征鸟正处在捕食能力极强的状态，飞翔在空中到处寻找食物，以补充身体的能量来抵御严寒；水域中的冰一直冻到水中央，此时的冰最结实、最厚，孩子们可以尽情地在河上溜冰。

此外，大寒出现的花信风候为"一候瑞香；二候兰花；三候山矾"，这三种花儿也可以作为判断大寒的重要标志。

【气候特点与农事】

大寒时节，寒潮南下频繁，是我国大部分地区一年中最冷的时期，北方天寒地冻，东北平均气温依然是-20℃左右；而在南方，田里的冬小麦郁郁葱葱，各种蔬菜和绿肥作物等焕发出勃勃生机，华南各地更是鲜花盛开，春色满园关不住。另外，大寒节气也是一年中雨水最少的时段。那么，此时农民朋友有哪些农事安排与活动呢？

（一）适时浇灌

由于大寒是一年中降水时间最少的时段，所以，不同地区要结合实际情况，适时浇灌，对小春作物生长大有好处。

（二）做好防寒防冻的工作

大寒节气里，各地的农活相对较少，北方地区应注意积肥堆肥，为开春做准备，并加强牲畜的防寒防冻。

（三）加强小麦及其他作物的田间管理

南方地区应加强小麦及其他作物的田间管理，广东岭南地区此时农作物已经收割完毕，是捉田鼠、除害虫的好时机，应做好相关工作。

此外，大寒节气期间，天气冷，湿度低，各种植物也已经停止生长，所以，很容易发生火灾，要注意防范，提防火灾的发生。

【农历节日】

农历腊月二十四（或二十三），中国民间称为过小年，是祭祀灶君的节日。那么，为什么腊月二十三要称为"小年"呢？这里面有一个传说故事。

相传很久以前，天上有两个神仙，大神仙叫大年，小神仙叫小年。大年心眼好，疼惜人，每到五谷不长的寒冷时节，他就把天上的白面撒下来，让人们吃。小年的心眼却很坏，他用邪术将大年撒下来的白面变成雪籽，吃下去会冻坏肚子。等人们都病倒了，他就变成猛兽来吃人，吃饱了躺下来就睡，一睡就是360天，醒后又要吃人。

人们害怕小年，只好烧香磕头，请求大年做主。大年知道是小年搞的鬼之后，气愤地去找小年，可小年却不以为然。大年一生气就和小年打了起来，却打不过小年，只能不得已下凡告诉人们：小年怕雷怕火，他再来时，就用油松干柴烧青竹围成圈，点上火，人们坐在中间，小年就不敢吃人了。

小年的阴谋无法再得逞，气急败坏，发誓要练好火功，再到凡间吃人。小年利用3599天终于练成了火功，再过一天又要下凡吃人了。大年在小年练功期间也没有闲着，苦练武艺，再过一天也要下山和小年大战一场，以保护人们不受伤害。

第二天，大年、小年在半空中迎头碰上，两人立刻动起手来，打得黄风滚滚，云雾遮天，这就是后来春天风多雾多的原因。一连打了32天，小年急了，张嘴要吃掉大年，大年赶忙举起手心雷，谁知小年纵身一跃躲到了高处。大年追着小年一直往上打，小年就一直往上蹿。这就是二月二打闷雷的原因。

大年又追了74天，看手心雷打不住他，就不再打了。小年却认为哥哥的雷放完了，冲下来抓大年。大年一躲，从背后拉出一条雪白的长虫，长虫口吐烈火，直冲小年烧去。不等小年躲避，大年又口吐轰天雷，小年费尽力气，才保证了性命。就这样，大年追，小年跑，震得天摇地动，大雨倾盆。这就是夏季打闪打雷下暴雨的由来。

小年打累了，扎进海里睡去，大年急忙放出太阳，催熟五谷，免得人们挨饿。小年歇了100天，又来和大年打。小年先施出冷气灭火功夫，一张嘴，阵阵冷风朝大年刮去。大年急忙纵身往高处跃去，小年急忙赶了上去，撵得大年没处躲藏，变成一个小石头落到地下。小年找不着大年，驾着冰冷的狂风乱翻乱找，可还是找不到，就下起了漫天大雪，要冻死大年。

实际上，大年早就躲到了山洞里，人们给他生火烤，热饭吃。大年暖和透了，还要来松脂橡油，在身上抹了一层又一层，准备和小年决一死战。又是到了360天头上，小年以为大年早冻死了，又要来吃人。只见大年一滚，带着满身大火蹿到半空，此时小年正下到树梢处，大年一头钻进小年嘴里，顺喉咙下到肚里，放火烧起来，疼得小年哇哇乱叫。不一会儿工夫，小年就烧得只剩下了一张皮，搭在了树梢上。

大年和小年都死了，人们跪在当院，哭着给大年磕头，并把装着大年身子的小年尸体永远挂在树上。以后，人们每隔360天就会在院子里的树下给大年烧香，祈求火神保佑世代平安。

说完了过小年的故事，我们再来看一看过小年有哪些民间习俗。

（一）祭灶王

小年是民间祭灶的日子。相传，灶王爷是玉皇大帝派到每家每户监察人们平时善恶的神，每年岁末回到天宫中向玉皇大帝奏报民情，让玉皇大帝定赏罚。因此，送灶时，人们在灶王像前的桌案上供放糖果、清水、料豆、秣草，其中后三样是为灶王爷升天的坐骑备料。祭灶时，还要把关东糖用火化开，涂抹在灶王爷嘴上，这样做的目的是不让灶王爷说坏话，即我们常说的"糖瓜粘"。常用的灶神联往往写着"上天言好事，回宫降吉祥"和"上天言好事，下界保平安"之类的字句。

在大年三十的晚上，灶神要与众神来人间过年，那天要有"接灶""接神"的仪式，故有"二十三日去，初一五更来"的说法。

岁末卖年画的小摊上，常常有卖灶王爷图像的，这就是在"接灶"仪式中张贴的，我国北方有"男不拜月，女不祭灶"的说法，用以表示男女授受不亲。不过有的地方会对灶王爷与灶王奶奶合祭，就不存在这一说法了。

（二）剪窗花

剪窗花是为了过大年做准备。窗花内容有各种动植物等掌故，如燕穿桃柳、孔雀戏牡丹、喜鹊登梅、狮子滚绣球、鹿鹤桐椿（六合同春）、五蝠（福）捧寿、犀牛望月、三羊（阳）开泰、二龙戏珠等，花样繁多。

（三）扫尘土

"尘"与"陈"谐音，所以，扫尘旨在除旧迎新，拔除不祥。扫尘土，北方人称"扫房"；南方人称"掸尘"。传统上，这一天家家户户黎明即起，把家里里里外外全面地进行一次大扫除。

（四）放鞭炮

过小年时放鞭炮很重要，因为这是年前的第一炮，中国人过节都喜欢热热闹闹的，所以，鞭炮自然是少不了的。

（五）写春联

民谚云："二十四，写大字。"这也是过小年的一种习俗。"写大字"就是指写春联，以此来表达美好的愿望。

（六）吃饺子

北方地区在小年晚上有吃饺子的习俗，意为给灶王爷送行，取意"送行饺子接风面"。

（七）做米饼

农历腊月廿三，广西武宣、桂平等地民间有做米饼的习俗。米饼是用糯米粉做主料，芝麻、花生、白糖做配料，放入模具打制成圆形，再经高温蒸熟，有"团团圆圆"之意。

（八）吃年糕

在南方，小年这一天做年糕是很多地方的传统习俗。年糕又称"年年糕"，与"年年高"谐音，意寓人们的生活会越来越高。

（九）吃"年粽"

吃"年粽"是南宁人的习俗，年粽是新年吉祥的象征，它与端午节的凉粽不一样，它有馅，有大有小，有长有短，有圆有扁。糯米做皮，绿豆和猪肉做馅，也有人用喜欢的食品做馅。

（十）洗浴婚嫁

在小年这一天，大人、小孩都要洗浴、理发。民间有"有钱没钱，剃头过年"之说，过了二十三，民间认为诸神上天，百无禁忌。所以，娶媳妇、聘闺女不用挑日子，称为"赶乱婚"。于是，在一些地方，一到年底，结婚的人特别多。

【大寒民俗及民间宜忌】

大寒中的"大"是终结之意，意思是说，过了大寒，这一年就要过完了。那么，你知道大寒时节有哪些习俗吗？

（一）买卖人尾牙设宴

尾牙是商家一年活动的"尾声"，尾牙源自拜土地公做"牙"的习俗。二月初二为最初的做牙，叫作"头牙"，以后每逢初二和十六都要做"牙"，十二月十六的做牙是最后一个做

"牙"，因而叫"尾牙"。

在这一天，买卖人要设宴，其中白斩鸡是必不可少的一道菜，据说鸡头朝谁，就表示老板第二年要解雇谁。所以，有的老板会将鸡头朝向自己，好让员工们踏踏实实地吃饭，过个安稳年。时至今日，在福建沿海、台湾等一些地方仍保留着尾牙祭的传统。

按照传统习俗，全家人围聚在一起"食尾牙"，主要的食物是润饼和刘包。润饼是用润饼皮卷包豆芽菜、豆干、蒜头、笋丝、浒苔、花生粉、蛋膜、番茄酱等多种食料。刘包里包的食物则是三层肉、笋干、香菜、花生粉、咸菜等。

（二）捉田鼠

岭南地区有大寒联合捉田鼠的习俗，因为这时候的农作物都收割完毕，平时不容易发现的田鼠窝都露了出来。因此，大寒成了岭南当地集中消灭田鼠的重要时机。

（三）吃糯米饭

岭南人有在大寒时节吃糯米饭的习俗，过去穷人家防寒条件很差，没有多少营养品可食用，能在大寒的时候吃上一碗糯米饭就非常不错了。

如今在广东依然有大寒时节吃糯米饭的习俗，每家每户煮上一锅糯米饭，拌入腊味、干鱿鱼、虾米、冬菇等，以此来迎接传统节气中最冷的一天。

（四）吃炖汤和羹

在大寒时节，南京人有吃炖汤和羹的习俗，传统的"一九一只鸡"的食俗仍被人们推崇，多选择老母鸡，或单炖，或添加枸杞、黑木耳、参须等合炖。此外，老南京人还喜爱做羹食用，羹肴各地的做法不同，北方的羹偏于黏稠厚重，南方的羹偏于清淡精致，而南京的羹则既不过于黏稠或清淡，又不过于咸鲜或甜淡。

（五）吃"消寒糕"

吃"消寒糕"的习俗在北京源远流长。所谓"消寒糕"，其实就是年糕中的一种，选择在大寒这一天吃年糕，有"年高"之意，带着吉祥如意、年年平安、步步高升的好彩头。此外，大寒时节吃年糕能驱散身上寒意，故称之为"消寒糕"。

（六）八宝饭

关于八宝饭由来的说法很多，有人说是周王伐纣后的庆功美食，所谓的"八宝"指的是辅佐周王的八位贤士。也有人说八宝饭源自于江浙一带，经由江南师傅进京做御厨才传到北方。现在宁波、嵊州、嘉兴依然保留着过年吃八宝饭的习俗。

在民间，大寒节气忌讳天晴不下雪，有谚语云"大寒三白定丰年"，意思是说，大寒下雪是兆丰年的吉兆。从科学的角度来说，大雪可以将病虫害杀死，同时又为农作物提供了水分，防止春旱，所以，大寒时节下雪为佳。

【饮食起居宜忌】

大寒时节，天气冷到了极点，那么，此时人们在饮食起居方面要注意哪些事情呢？主要包括以下四方面：

（一）饮食要有节制

大寒时节，天气虽然寒冷，但室内往往温度较高，人体易出现燥热，此时，适当吃些凉菜可以缓解燥热，但切记贪吃，否则会导致胃寒，引起消化不良。另外，也不可多摄入高脂肪、高热量的食物，这同样容易引起胃肠疾病。因此，大寒时节饮食要有所节制。

（二）适量运动

民谚云："冬天动一动，少闹一场病；冬天懒一懒，多喝一碗药。"天地间阳气渐升，人体的气血也要适当舒展，而运动就是阳气生发的最好办法，但运动切不可过猛，强度不宜过大。

（三）佩戴丝巾

脖子最怕晒伤和着凉，胸腔亦如此，若穿的衣服领口有些大，不妨佩戴一条丝巾，来保护肺与气管，以免因着凉而咳嗽。

（四）预防疾病

大寒时节，要做好某些疾病的预防工作，如心肌梗死、哮喘、胃病、冻疮等，平时患有这些疾病的患者，应提前做好应对措施，以免给身体造成伤害。

【健康食谱】

大寒节气养生的重点是补肾、养肝血，那么，大寒节气养生该吃什么好呢？不妨试试下面的两款食谱。

红杞田七鸡

配料：

枸杞子15克，三七10克，母鸡1只，姜20克，葱30克，绍酒30克，胡椒粉、味精、清汤适量。

做法：

第一步，活鸡宰杀后处理干净，枸杞子洗净，三七4克研末，6克润软切片，姜切大片，葱切段备用。

第二步，鸡入沸水锅内焯去血水，捞出沥干水分。

第三步，把枸杞子、三七片、姜片、葱段塞入鸡腹内，把鸡放入汽锅内，注入少量清汤，下胡椒粉、绍酒，再把三七粉撒在鸡脯上。

第四步，盖好锅盖，沸水旺火上笼蒸两小时左右，出锅时加味精调味即可。

功效：

补虚益血。

松茸人参鸡汤

配料：

鸡1只，人参2根，干松茸5个，干笋尖3根，香菇5个，精盐少许，姜、香葱适量。

做法：

第一步，干松茸、干笋尖用温水泡开，切段；鸡洗净，斩块，冷水下锅，焯水。

第二步，鸡块放入砂锅，加清水，再放入松茸、笋尖、人参、香菇。

第三步，加香葱、姜片，大火烧开转小火，两小时后调味即可。

功效：

强精补肾，健脑益智，补血补气，养颜安神。